✥ 知っておきたい ✥

ネコの多頭飼い
のすべて

獣医師が教える 幸せに暮らす ためのポイント

獣医師（レイクタウンねこ診療所院長）
長谷川 諒 監修

はじめに

　私は子どものころから動物が大好きでした。獣医師になったのも「動物が好きだから」というのが大きな理由の一つです。

　私は子どものころは実家で犬と暮らしていましたが、大学に入学して一人暮らしをはじめました。そして大学2年生のときに保護猫のボランティア活動をしたことをきっかけに猫との生活をスタートしました。その半年後にはもう1匹、獣医師になってからは捨て猫を保護するかたちで新たな猫を迎え入れ、今では3匹のかわいい猫たちと一緒に暮らしています。

　猫はマイペースな動物で、まさにツンデレという言葉がピッタリです。甘えてくるときとそうでないときのオンオフがあり、そのバランスが本当に絶妙だと私は思っています。冷たくされることがあるぶん、甘えてくると、さらにかわいく感じます。

　猫は基本的には丈夫な動物で、しかも健康上のトラブルを抱えていても隠す傾向があります。これは「弱っているところを敵に見せない」という野生本能に基づくものなのでしょう。野性味が魅力の猫らしいところではあるのですが、飼い主にとっては、それが病気の早期発見・早期治療を難しくさせることがあります。

「我が家の猫たちです。かわいい姿に癒されています」

大切なのは、できるだけこまめに健康状態をチェックすることで、例えばトイレ掃除は、毎日、同じ時間帯に同じ人が行い、ちょっとした変化にも気づくことができるのが理想です。これは、多頭飼育はもちろん、単頭飼育でも愛猫の健康を維持するためのポイントといえます。

　また、健康上のトラブルが関係するものとして、とくに多頭飼育をスタートする前に知っておきたいことの一つに医療費の問題があります。

　一般的には猫との暮らしで食費の次にお金がかかるのが医療費です。とくに同じ年齢の猫たちと暮らしていると、健康上のトラブルが同じ時期に重なることがあります。そうなると、ある程度のまとまった金額の医療費が必要になります。

　このように猫の多頭飼育には注意したい点があり、迎え入れるのは、あくまでも「自分あるいは家族でしっかりとケアできる範囲の頭数であること」が大前提です。

　そして、そのようなことをクリアできるのであれば、猫たちとの暮らしは、やはり楽しいものです。

　私自身、2匹目、さらには3匹目を迎え入れる前には「みんなが幸せに暮らせるだろうか」と少し不安もありましたが、結果を見ると、そのような心配は無用でした。猫たちが一緒に遊んだり、寝ている姿を見るたびに、とても幸せな気持ちになります。

　本書は、新たな猫との出会いの場から飼育環境作り、そして、先ほども触れたような健康維持など、テーマごとに猫の多頭飼育に必要な情報をまとめています。皆様の素敵な猫たちとの暮らしに役立てば幸いです。

　　　　　　　　　　　　　　　　　　獣医師　長谷川 諒

CONTENTS

知っておきたい ネコの多頭飼いのすべて
獣医師が教える 幸せに暮らすためのポイント

第2章 新たな猫の迎え入れのポイント

第3章 ● みんなが幸せに暮らすヒント

第5章 ● 知っておきたいトラブル対策

本書の見方

本書は猫の多頭飼育の適切な方法をテーマごとに紹介しています。
猫の基礎知識からはじまり、出会いの方法、健康上のトラブルまで
猫たちと暮らす際に必要になる順に飼い主が知っておきたい情報を掲載しています。

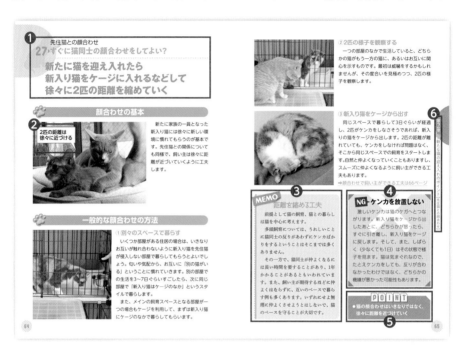

❶各ページのテーマ

飼い主がよく感じる疑問や目的と、それに対する答えです。具体的な説明はそのページ内の本文や写真、イラストなどで紹介しています。

❷キーワード

そのページで紹介している内容の大切な要素を端的な言葉で表現しています。

❸MEMO（メモ）

そのページで紹介している内容に関連した、猫の多頭飼育に役立つ情報です。この情報も自分の環境に合った適切な飼育方法の発見に役立つでしょう。

❹NG（エヌジー）

よくやってしまいがちなNGです。このようなことをしてしまわないように気をつけましょう。

❺POINT（ポイント）

そのページで紹介している内容のポイントを簡潔にまとめたものです。本書で紹介している内容を、あらためて確認したい際には、こちらをチェックするとよいでしょう。

❻簡易インデックス

すべてのページについています。猫の多頭飼育についての知りたい内容の検索にご利用ください。

第1章

猫と幸せに
暮らすために

かわいい猫たちとの暮らしをスタートする前に
まずは多頭飼育をするために必要な費用や
飼育環境を確認しましょう。
動物としての特徴など、猫を深く知ることも大切で、
その知識は猫たちとの適切な暮らしに役立ちます。

猫の多頭飼育とは

01 実際に多頭飼育をするとどうなる?

迎え入れる前に検討したいことは多いが猫たちが幸せに暮らしているのを見ると飼い主もハッピーな気持ちになる

多頭飼育の幸せ

猫はとてもかわいらしく、適切な複数の猫との暮らしは幸せを感じるものです。ここでは実際に多頭飼育をしている方々の声をお届けします。

我が家には5匹の猫たちがいます。新たに迎え入れたときは、慣れてもらうのが大変でした。猫は縄張り意識があるので、穏やかで人懐っこい子でもシャーッと怒るのはもちろん、新入り子猫と先住猫の部屋はわけないと目を離した隙にケンカになることもありました。でも、猫同士が仲よくなる過程にはいろいろなドラマがあり、そんな猫たちを見るのはとても楽しく、大きな感動がありました。
(猫ッチョファミリー)

➡猫ッチョファミリーの詳しい情報は127ページ

それぞれ一目惚れで、気づいたら３匹に。食事内容の問題で、それぞれの食事を別々の場所で食べさせなくてはいけないところが大変。でも、それぞれ時間差で甘えにくるので、一日中、スリスリされて幸せを感じる時間が増えています。
(こけ助パパ)

➡こけ助パパの詳しい情報は127ページ

自宅の庭に迷い猫がきたことがきっかけで猫を飼いはじめました。その後は保健所から、あるいは猫の保護活動をしている方を介して迎え入れ、多いときは7匹の猫と暮らしていました。トイレや食事の管理で大変なこともありますが、大好きな猫たちに囲まれて毎日、癒されています。
（ゆぅ）

私の子どもが自立して、生活に少し余裕ができたので猫を飼うことに。自分の生活とのバランスを考えながら猫との暮らしを続けていたら、気がついたときには6匹の猫たちと暮らしていました。猫たちが平和に生活しているのを見ると、幸せな気持ちになります。
（Y.D.さん）

もともとは友人の仲介で大型の猫種であるメインクーンのオスを引き取りました。それで、ある日、何気なくペットショップに立ち寄ったところ、かわいい子猫と目が合ったのです。運命的な出会いを感じて、その子を迎え入れることにしました。うちの場合は、そもそも「多頭飼育は大変」という発想がありませんでしたし、実際、トラブルなく幸せな日々をすごせています。猫同士の絶妙な距離感の関係を見るのがおもしろい！
（モジャパパさん）

POINT
● 複数の猫たちと幸せに暮らしている家庭は多い

02 猫が癒しになるってホント?

猫には癒しの効果があるといわれている。猫を撫でるとホルモンが分泌されて心も体も落ち着く

猫の癒し効果

猫は飼い主を癒してくれる

猫には癒しの効果があるといわれています。

研究によって、私たち人間は柔らかいものを撫でると脳内に「オキシトシン」というホルモンが放出されることが明らかになっています。オキシトシンは心身ともに安らぎをもたらすホルモンで、「幸せホルモン」の一つとされることもあります。また、適切に猫の世話をして猫の快適な暮らしを手伝うことは「自分にできることがある」というポジティブな気持ちにつながります。

そして、何より、猫同士で遊ぶところや互いに毛づくろいをしているところなどのかわらしい姿や仕草は、理屈抜きで見ている人の心を癒してくれるものです。

猫にとっての飼い主

反対に猫にとって飼い主はどのような存在なのでしょうか。

結論からいうと、猫は人間のように話せないので、「猫の気持ちは猫にしかわからない」です。いろいろな説があり、例えばイギリスの動物学者であるジョン・ブラッドショーは人間に対する猫の行動は他の猫に対する行動と変わらないため、猫は飼い主のことを大きな猫と思っているという説を唱えています。

一つ確実にいえるのは猫と人間には長い歴史があるということです。海外の遺跡から、少なくても9500年前には猫と人間は一緒に生活していたことが明らかになっています。ヤマネコ、あるいはライオンやトラもネコ科の動物ですが、彼らは完全に自然環境下で生活しています。一方、イエネコ（一般的に家庭で飼育されている猫）にとっては人間のそばで暮らすことが自然な環境といえるでしょう。

飼育頭数の増加

新型コロナウイルスの影響で自宅ですごす「おうち時間」が長くなった影響もあるのでしょう。国内の猫の飼育頭数は増えています。ペットフード協会がまとめたデータによると、2021年の国内の飼育頭数は894万6千匹で、これは犬の710万6千匹より多い数字となっています。飼育頭数の増減を見てみるとコロナ禍前の2018年は 884万9千匹で9万匹以上増えています。

また、猫の多頭飼育については、一般的に多頭飼育をする飼い主も増えていて、猫の飼い主の3人に1人は多頭飼育をしているといわれています。

保護猫施設の増加

飼育放棄などが原因で飼い主がおらず、一時的に保護されている猫を「保護猫」といい、その保護猫を預かる施設を「保護猫施設」といいます。保護猫施設は「保護猫シェルター」とも呼ばれ、具体的には各自治体の保健所や動物愛護センター、NPO法人が運営しているものなどがあり、その数も増えています。

保護猫施設は猫と理想的な飼い主のマッチングの場でもあり、とくに最近は保護猫施設から新しい猫を迎え入れる人が増えています。

POINT

- 猫は飼い主を癒すといわれている
- 猫の飼育頭数は増えている
- 保護猫施設が増えていて、そこから新たに猫を迎え入れる人も多い

第1章　猫と幸せに暮らすために【知っておきたい猫情報（猫と人間の関係）】

03▶たくさんの猫と暮らしたいのだけれど…

猫の多頭飼育を決める前に
愛猫の生活の質を維持できるかどうかを
しっかりと考える

猫のQOL

猫の飼育は
責任がともなう

「QOL」とは「Quality Of Life」（クオリティ・オブ・ライフ）の略で、直訳すると「生活の質」「生命の質」という意味です。QOLは生きるうえでの満足度をあらわす指標の一つで、そこには総合的な活力、幸福感という意味が含まれます。人間の医療の世界で、健康上のトラブルを抱えている人や高齢者などを対象によく使われる言葉ですが、その意味を考えると、猫の飼い主は愛猫にできるだけ「QOLが高い暮らし」を送ってもらう責任があるといえるでしょう。

また、多頭飼育で考えたい「猫が他の猫と暮らしたほうが幸せか」という疑問については、いろいろな考えがありますが、少なくても単独でいることを好む個体がいることは間違いありません。猫の多頭飼育は個性をしっかりと考慮して決める必要があります。

MEMO
猫のQOLの要素

猫のQOLに関わる要素としては、次のようなものが考えられます。

- 心のストレスのない暮らし
- 身体的な痛みのない暮らし
- 十分な美味しい食事
- 好きな飼い主とすごす時間
- 安心して寝られる環境
- 落ち着ける場所

多頭飼育崩壊

最近、ペットの「多頭飼育崩壊」が社会問題になっています。多頭飼育崩壊とは、ペットのQOLを維持できないほどにその数が増え、経済的にも破綻し、ペットの飼育ができなくなる状況をあらわす言葉です。猫は繁殖力が強いこともあり、ペットのなかでもとくに猫が問題となることが少なくありません。

多頭飼育崩壊を起こすと住まいの近隣の方々や地方自治体に大きな迷惑をかけるうえに、このようなケースが増えると、やがて猫に対する社会の見方が悪いほうに変化してしまう可能性もあります。猫の多頭飼育を考えている飼い主は、この問題も十分に意識する必要があります。

アニマルホーダー

アメリカでは多頭飼育崩壊を招くような劣悪多頭飼育者のことを、「Animal Hoarder」(アニマルホーダー)と呼びます。Hoarderは物を捨てられずに集めてしまう精神的病理のある人に対して使われる言葉です。アニマルホーダーの定義には「多数の動物を飼育している」「動物に対し、最低限の栄養、衛生状態、獣医療が提供できない」「動物の状況悪化への対応ができない」「環境悪化に対応できない」「本人や同居人の健康や幸せにマイナス効果が生じていることに対応ができない」などが挙げられます。

野良猫との関わり

愛猫家にとっては野良猫もとてもかわいいものです。ただ、野良猫も数があまりに数が増えると地域の問題になってしまうことがあります。地方自治体によってはエサやりのルールが設けられていることもあるので、「かわいいから」という理由だけで町で見かけた野良猫にフードやおやつなどを与えないようにしましょう。なお、耳に人工的な切り込みがある猫は数を増やさないように、ボランティアにより避妊・去勢手術を施されている猫です。

- 猫の多頭飼育を決める前に猫の生活の質を考慮する
- 無理な多頭飼育は社会問題になっている

V字型の切り込みは避妊・去勢手術を受けた証。その耳は桜のようなので、切り込みがある猫を「さくらねこ」と呼ぶことがある

04 体を舐めるのはなぜ?

猫の舌はザラザラしていてグルーミングのブラシ替わりとなる。互いに舐めあうのは信頼の証である

顔の特徴と機能

　猫は人間と違う体の特徴や機能があり、それらを知ることは猫と幸せに暮らすのに役立ちます。ここでは身体的な特徴を紹介します。その一つは舌がザラザラしていることです。猫が自分の体を舐めるのは、その舌をブラシ替わりにグルーミング(毛づくろい)をしているのです。

目
グリーンやイエローなといろいろな色がある。人間にくらべると、遠くがよく見えるが、近くは見えにくい。暗いところでもよく見え、色の識別は苦手である

ヒゲは切らない

耳
耳は音のする方向に動かすことができる。聴力は優れていて、犬の2倍、人間の6〜10倍もよいという説がある

鼻
適度に湿っている。犬ほどではないが嗅覚も優れている(においを感じ取る能力は人間よりも高いとされている)

ヒゲ
「体勢のバランスを保つ」「狭いところを通るときに通れるかどうかを判断する」などに役立つ。飼い主は切らないように要注意

口
舌はザラザラしている。これは獲物の肉をそぎ落とすために、そのようになったとされていて、グルーミングにも利用される。歯は鋭い

猫は身体能力が高く、高いところに跳び上がったり、反対に高いところから跳び下りることができます。多頭飼育ではそれぞれの愛猫が十分に運動できるように高低差を意識した部屋作りが飼育のポイントの一つになります。

体つき
しなやかで筋肉が発達している。運動能力は高く、高さでいうと1.5〜2mぐらい、ジャンプできる

ツメ
生まれたばかりのころは出たままの状態だが、やがて自由に出し入れできるようになる。数は前肢が左右5本ずつ、後肢が左右4本ずつ（個体によっては、それより多いこともある）。とくに多頭飼育では他の猫を傷つけないように飼い主がツメを切るのが基本

尾
猫種や個体によって、長さや太さ、形状はさまざま。自由に動かすことができ、ジャンプや着地の際にバランスをとるのに役立つとされている。なお、生まれつき、尾が曲がっている状態を『かぎしっぽ』といい、『かぎしっぽは幸福をもたらす』といわれることもある

❀ 落ちても体勢を整える

猫は高いところから落ちても、瞬時に体勢を整えて無事に着地します。では、どれくらいの高さから落ちても大丈夫かというと6〜7mぐらいならケガをしないといわれています（諸説あります）。ただ、屋内でも「登ったのはいいけれど降りられない」というケースはよく見られます。やはり安全かつ猫がストレスを感じない環境作りが大切です。

MEMO
舐めあいは信頼の証

多頭飼育をすると、猫同士が互いに舐めあうのをよく見かけます。自分の体を舐めて毛づくろいをするのを「セルフグルーミング」というのに対して、お互いに舐めあうのを「アログルーミング」といいます。

アログルーミングは信頼の証とされていて、猫同士の仲のよさを測るバロメーターとも考えられます。

POINT

● 猫のことを深く知ることは猫との幸せな暮らしに役立つ
● ザラザラの舌はグルーミングに使われるなど、猫には人間と違う体の特徴と機能がある

05 猫は何歳ぐらいまで生きる?

猫の平均寿命は16歳ぐらい。
飼い主は最期まで一緒に暮らす責任があり、
飼う前に自分の生活の変化を考慮する

猫の成長ステージ

猫は3カ月で人間の10歳

猫の立場から考えると多頭飼育はどうなのでしょうか。ここでは多頭飼育が関係する猫の生き物としての生態を紹介します。

まず猫の成長ステージについて。

一般的に猫は生まれてから最初の1年で人間でいう18歳になり、2歳ではもう人間でいう24歳になるとされています。なお、室内飼いの猫の平均寿命は16歳ぐらいです。

多頭飼育で新しい猫を迎え入れる場合、成長ステージによる相性の傾向があるので、猫の成長ステージを理解しておきましょう。

また、飼い主は一度飼育した愛猫は最期まで一緒に暮らすのが基本であり、結婚や転勤などのこれからの自分の人生の変化を考慮したうえで新たな猫を迎え入れることも大切です。

➡成長ステージ別の猫同士の相性の詳しい情報は43ページ

●猫と人間の年齢の比較

猫の年齢	該当する人間の年齢	猫の年齢	該当する人間の年齢	猫の年齢	該当する人間の年齢
1カ月	4歳	4歳	32歳	12歳	64歳
2カ月	8歳	5歳	36歳	13歳	68歳
3カ月	10歳	6歳	40歳	14歳	72歳
半年	14歳	7歳	44歳	15歳	76歳
9カ月	16歳	8歳	48歳	16歳	80歳
1歳	18歳	9歳	52歳		
2歳	24歳	10歳	56歳		
3歳	28歳	11歳	60歳		

猫の16歳(人間の歳にすると80歳)が一般的な室内飼育の猫の平均寿命で以降、1年ごとに4歳ずつ歳をとる

オスとメスの違い

　私たち人間と同じように猫の性格もそれぞれに個性があります。ですので、あくまでも一般的な傾向となりますが、猫のオスとメスでは次のような違いがあるとされています。

《身体的な違い》
- オスはメスよりも体が大きくて体重も重い

《性格の違い》
- オスは活発である反面、甘えん坊である。一方、メスは温厚で大人しい猫が多い

《行動の違い》
- 発情期になると去勢手術をしていないオスは「スプレー行為」を行い、避妊手術をしていないメスは「発情鳴き」と呼ばれる特有の大きな鳴き声を出す

➡ スプレー行為の詳しい情報は23ページ

活動的な時間帯

　猫は、その語源が「寝子」という説があるほど、よく寝る動物です。成猫は1日平均でだいたい16時間、子猫は20時間ぐらい寝るとされています。

　では、起きている時間帯はいつか、昼行性か夜行性かというと、そのどちらでもありません。猫は日の出・日の入り前後の薄暗い時間帯に活動する動物で、このような動物を「薄明薄暮性動物」といいます。

　ただし、とくに人と暮らす猫は生活を飼い主に合わせることが多く、とくに飼い主が「猫は薄明薄暮性動物である」ということを意識しなくても、愛猫のストレスになることはあまりないようです。

POINT

- 猫は人間よりも成長が早く、平均寿命はだいたい16歳である
- 猫はオスとメスで性格が違う傾向があり、メスのほうが温厚であることが多い
- 野良猫は日の出・日の入り前後に活発に活動する

06▶猫は集団行動は得意?

もともと猫は食料のために
単独で狩りをする動物で
集団よりも単独行動を好む傾向がある

集団行動と単独行動

生き物としては単独行動を好む傾向がある

猫本来の行動パターンについて、もともと集団行動をする、群れで生活するのであれば多頭飼育のほうがより自然な環境に近いということになります。

このテーマについては野良猫を見てみると、オスは単独行動、メスは集団行動をすることが多いとされています。ただ、それは猫の個性やエサなどの環境による差があり、メスでも単独行動を好む個体はいます。

また、群れでいることはあっても、ずっと一緒にいるわけではなく、多くの時間は食料を求めて個々で動いています。

一方、野良犬は集団で食料のために狩りをすることもあり、猫は犬とくらべると単独行動を好む動物といえるでしょう。

●仔猫は集団行動

どのような性格の猫でも集団行動で生活をする時期はあります。それは子猫のときで、野良猫は生まれてから3カ月〜1年ぐらいは母猫や同じ時期に生まれた兄弟と生活をします。なお、一般的に父猫は自分の子猫の世話はしないとされています。

MEMO ヤマネコは単独行動

野良猫よりも、より人の手から離れた自然環境下に暮らすヤマネコは、基本的にしっかりと自分の縄張りを持って単独で生活しています。ただし、猫の仲間のライオンは自然環境下では「オス1頭に対してメスが数頭」という群れで生活しています。

縄張り

　猫は縄張りを持つ動物です。例えば野良猫の場合、縄張りの広さは半径50m〜2kmぐらいとされています。食料を求めて活動しているため、食料が豊富にあれば行動範囲は狭くなり、少なければ広くなります。

　室内飼育の猫はよく家のなかをパトロールしますが、これは家のなかが縄張りであり、縄張り内の安全を確認するためとされています。

❀ホームテリトリーとハンティングテリトリー

　猫の縄張りが関係するものとして「ホームテリトリー」という言葉もあります。まだ新しい言葉で人によって解釈が異なることもありますが、一般的には猫が寝床としていて生活の拠点となる場所をホームテリトリーといいます。それに対して食料を求めて移動する、より広い範囲を「ハンティングテリトリー」といいます。室内飼育の場合は、窓辺やソファなどのその猫のお気に入り場所や寝床、食事を食べる場所などのよくいるところをホームテリトリーと表現することがあり、猫によっては、たとえ一緒に生活している猫でも、他の猫がそのような場所に入ってくることを嫌うことがあります。

MEMO
スプレー行為とは

　「スプレー行為」も覚えておきたい言葉の一つです。猫は濃い尿を壁などにかけることがあり、それを「スプレー行為」と呼びます。これは縄張りをアピールするマーキング行為の一種で、とくに未去勢のオスによく見られます。スプレー行為は去勢手術をするとしなくなる猫が多いものの、なかには手術後のオスやメスにも見られることがあります。

POINT
- 猫は単独行動を好む傾向がある
- 猫には縄張りがあって、自分の縄張り内に他の猫が入ってくることを嫌う猫もいる

07 種類は飼いやすさと関係がある?

猫にはいろいろな種類やタイプがいて 体の大きさや被毛の長さが 適切な飼育に関係することもある

猫の種類

純血種で40種以上

種類による大きさの違いがそこまでは大きくないこともあり、犬ほど注目されることはありませんが、猫にもいろいろな種類がいます。なかには四肢の長さや尾のかたちなどが種類の特徴となっていることもあります。

また、猫の種類以外にも「三毛猫」や「かぎしっぽ」(19ページ)のように見た目の特徴をあらわす言葉もあります。被毛(体に生えている毛)の長さのように種類の特徴が飼育のポイントとなることもありますし、特徴をあらわす言葉を知っていると猫探しの際に言葉だけでおおまかなイメージをつかむことができます。

種類ごとの特徴

種類ごとに決められた規定(血統)を守るために交配されて生まれてきた猫種を「純血種」といいます。言葉を換えると「血統書」があるのが純血種で、世界最大規模の猫の純血種登録機関であるCFAには40種以上の猫種が登録されています。また、異なる猫種の親猫から生まれた猫を「雑種」といいます。純血種では「スコティッシュ・フォールド」などが人気です。

【人気の純血種と特徴】

スコティッシュ・フォールド／パタンと前に折れた耳が特徴(折れていない個体もいる)。温厚な性格の個体が多い傾向がある

マンチカン／足が短い猫種。かわいい歩様で活発に動く

アメリカン・ショート・ヘア／通称は「アメショ」。毛色が豊富で、性格は自立心が強い個体が多い傾向がある

猫のタイプ

ここでは多頭飼育に関係するものを中心にいろいろな猫のタイプを紹介します。

まず、猫の被毛については、被毛が長い「長毛種」と短い「短毛種」がいます。一般的に長毛種よりも短毛種のほうがブラッシングなどの被毛の手間が簡単で、抜け毛も少ないとされています。

 ※ 体のサイズ

猫種や個体によって成猫になったときの体のサイズが異なります。一般的に猫はメスよりもオスが大きく、成猫の体重は3〜5kgぐらいです。ただ、2kgぐらいの猫がいれば、8kgにもなる大型の猫もいます。サイズが大きい猫は飼育スペースが広いほうがよく、キャットタワーなどの登るものもしっかりとしたつくりのものが適しています。

猫種でいうと「メインクーン」や「ノルウェージャンフォレストキャット」が大型の種類として知られています。また、大きさも遺伝することが多いので、親猫のサイズが大きければその子猫も大きくなる傾向があります。

特徴を表す言葉

猫の特徴をあらわす言葉で、とくによく使われるのが被毛の色や模様をあらわすものです。よく耳にする「三毛猫」は黒系、茶系、白という三色の猫のことで、厳密には猫種をあらわす言葉ではありません。例えばスコティッシュ・フォールドの三毛猫もいます。

【代表的な被毛の色や模様】
三毛猫／黒系、茶系、白という三色の被毛の猫のことで、キャリコともいう。基本的にはメスである
ソリッドカラー／全身の被毛が均一な色で模様のないもの
タビー／全身の被毛に縞模様があること

タビーとは縞模様のこと

POINT

- 猫はいろいろな種類がいて、体のサイズや被毛の長さなどに個体差がある
- 身体的な特徴がより適切な飼育方法に関係することがある

08▶飼育の準備にお金はかかる？

愛猫が幸せに暮らすための
環境を整える費用が必要。
飼育を決める前に経済面も考慮する

生体の費用

新たに猫を迎え入れる前には、現実的な問題として猫の飼育に必要な費用を知っておくことも重要です。猫の飼育はお金がかかるもので、「猫が好き」という気持ちだけでは猫との幸せな生活を送ることはできません。

まず、生体について、入手方法は38ページで詳しく説明しますが、ペットショップやブリーダーからは購入というかたちになりますし、最近、増えている保護猫施設から迎え入れる場合は30,000円〜60,000円ぐらいの費用がかかります（施設によって異なります）。

なお、営利目的の生体の販売には資格が必要で、その資格がない人の販売は禁止されています。

➡猫の入手方法の詳しい情報は38ページ

多頭飼育は経済面を考慮してから決める

MEMO

保護猫施設と引き取り費用

保護猫活動は費用がかかるものです。状況によって異なりますが、あくまでも一つの例として屋外で見つかった子猫を保護した場合を紹介すると、まず避妊・去勢手術やワクチン接種などの初期の医療費で20,000円ぐらいかかります。また、日々の食費や施設の家賃、光熱費も必要で、だいたい1匹あたり1カ月に30,000円程度の費用が発生します。「行政からの助成金で運用できている」と思っている方も多いようですが、実際はそのようなことはありません。スタッフはボランティアで働いていて、経済的に苦しいことが多く、譲渡時に受け取る金銭も、そのまま運営費として活用されることがほとんどです。

環境作りに必要な費用

　愛猫との暮らしは猫がストレスなく暮らす環境を整える必要があり、そのための費用もかかります。

　多頭飼育の場合は複数の猫で共有できるものとできないものがあり、共有できないものは新たに入手することになります。共有できるものとできないものの考え方は飼育スタイルによって異なります。例えばフード入れは個別に用意したほうがよいという考え方が一般的ですが、スペースなどの問題から「一つのものをみんなで共有」というかたちで飼育しているベテランの飼い主もいます。

❀猫の飼育に必要ものと金額の目安

必要度	項目	ポイント	金額
必ず必要	フード入れ	・多頭飼育では頭数分用意するベテランの飼い主が少なくない ・100円均一ショップでも購入可能	100円〜
	水入れ	・100円均一ショップでも購入可能	100円〜
	トイレ	・トイレの数は「飼育頭数＋1」が基本とされている ・食器用水切りカゴなどを利用してもよい	1,000円〜
	ツメとぎ	・猫のQOLを維持するための必需品 ・多頭飼育では共有できることが多い	800円〜
	キャリーケース	・動物病院などへの運搬時はもちろん、普段の寝床として利用してもよい ・多頭飼育では頭数分あったほうがよい	3,000円〜
多くのケースで	キャットタワー	・とくに多頭飼育では愛猫の運動不足の解消などのために必要度はかなり高い	4,000円〜
	ケージ	・3段など、高さがあるものも市販されている ・とくに多頭飼育では猫同士を引き離さなければいけないケースがあり、必要度はかなり高い	6,000円〜
	脱走防止用の柵	・とくに多頭飼育では一匹をケアしている際に他の猫が脱走してしまうことがあるので必要度はかなり高い	5,000円〜
できるだけ用意したほうがよい	ベッド	・猫用ベッドとして売られているもの以外ではクッションを愛猫のベッドとして用意してもよい	2,000円〜
	グルーミング用品	・とても多くの種類が市販されていて、価格は選ぶものによって大きく異なる ・いろいろなタイプがあり、猫によって適したものが異なるケースもある	700円〜
	おもちゃ	・猫によって、よく遊ぶおもちゃとそうでないおもちゃがある ・100円均一ショップで売られているものもある	100円〜
	首輪	・もし脱走をしてしまったときに飼い猫かどうかが一目瞭然である	600円〜

● 猫を飼育するためには環境を整える必要があり、そのための費用がかかる
● 新たに猫を迎え入れる前にしっかりと経済面のことも考慮する

09 猫の食費はどれくらい？

与える内容にもよるが、おやつなどを考慮すると猫の食事には1年に3〜6万円ぐらいはかかる

食費

食費は少なくても年に12,000円と見積もる

基本的に猫の飼育でもっともお金がかかるのが食費です。

選ぶ種類と愛猫の普段の食事の量によりますが、例えば2kg2,000円のドライタイプのキャットフードで1日に50gのフードを食べるとすると、1日あたりの食費は50円ぐらい、1カ月あたりの食費は1,500円ぐらいとなります。また、猫の食事はドライタイプのキャットフードに加えて、ときにはおやつやウェットタイプのキャットフードを与えるのが一般的で、そちらのほうが価格が高い傾向があります。例えば最近、人気の小分けスティックタイプのペースト状のおやつはだいたい1本あたり40円ぐらい、缶詰のウェットタイプのキャットフードは1缶80円〜です。

猫の1年の食費

東京都福祉保健局がまとめたデータ（2017年度版）によると、猫の食費は年間「3〜6万円未満」という回答が猫飼育者全体の31.3％ともっとも多く、次いで「1〜3万円未満」が28.0％、「6〜10万円未満」が11.4％となっています。

最低でも1匹あたりの猫の1カ月あたりの食費は2,000円ぐらい、1年では24,000円ぐらいはかかると見積もっておいたほうがよいでしょう。

MEMO 療法食が必要なことも

新たに迎え入れる猫が子猫の場合は、子猫用の食事を与える必要があります。もし、何らかの事情で離乳前の子猫を迎え入れることになったとしたら、哺乳瓶と子猫用ミルクを用意することになります（どちらも市販されています）。また、健康上のトラブルを抱えている猫には療法食を与えなければいけないケースがあり、そのぶんの費用がかかります。

食費以外の費用

食費以外にかかる費用で見落とせないのが医療費です。一般的に医療費は食費に次いでかかる費用となっています。

まず、猫は健康に過ごしていても、特定の感染症を予防するために定期的なワクチン接種が推奨されていて、その費用は3,000〜7,500円ぐらいです。もちろん、病気やケガをしたら、その治療費がかかります。こちらも東京都福祉保健局がまとめたデータ（2017年度版）を見てみると、年間「1〜3 万円未満」という回答が猫飼育者全体の32.7%ともっとも多くなっています。

🐾猫砂にもお金がかかる

その他にはトイレの猫砂も定期的に購入する必要があります。こちらは、おおまかな目安としてリーズナブルなものを選べば1カ月に1,000円ぐらいです。また、27ページで紹介したツメとぎも新しいものへと定期的に交換します。

光熱費も考慮する

猫の飼育にかかる費用の一つとして、光熱費もあります。地域や飼育環境によっては飼い主がいなくても愛猫のために夏は冷房、冬は暖房が必要なケースもあり、そのぶんの電気代がかかります。

最初の1年でかかる費用

猫の飼育にかかる費用はまさにケースバイケースで、その猫の健康状態や飼育している環境、飼い方によって大きく変わります。右で紹介しているのは、すでに1匹の猫を飼育していて、さらに1匹の成猫を迎え入れた場合の一例です。こちらは最初の1年にかかる費用ですから、例えば10年飼育したら、フード代などで年に8万円でかかるとして、8万円×10年で80万円の費用がかかることになります。

【新たに1匹を迎え入れた場合にかかる費用】

※すでに1匹を飼育していて新たに成猫を迎え入れた場合の最初の1年にかかる費用の一例

- 生体＝40,000円（保護猫施設から）
- アイテムの購入費＝15,000円
  （フード入れ、キャリーケース、ケージ）
- 食費＝40,000円（おやつなどを含む）
- 医療費＝20,000円
- その他＝20,000円（猫砂、ツメとぎ代等）

合計　135,000円

POINT

● 猫の飼育にかかる費用はケースバイケースだが、おおまかな計算ではフード代や医療費で1匹あたり1年に8万円ぐらいかかる

10 猫が快適な部屋はどのようなもの?

猫のトイレを清潔に保つ、専用のスペースを設けるなど、猫の立場で考えて部屋作りを行う

猫にとって快適な部屋作り

④
③
⑤
①
②

**トイレとフードを
食べる場所は離す**

猫にとって家のなかは一生のなかでほとんどの時間をすごす大切なスペースです。愛猫が快適に暮らせる部屋作りも猫の飼育に欠かせない要素です。

なお、ここで紹介しているのは猫にとっての快適な部屋作りの基本で単頭飼育、多頭飼育のどちらにも共通しています。多頭飼育の場合はここからさらに意識したいポイントがあります。

➡多頭飼育の快適な部屋作りの詳しい
情報は50ページ

【猫が快適な部屋作りのポイント】
①トイレは清潔に／トイレは清潔な状態に保つ。トイレと食事の場所は離すのが基本
②専用のスペースを設ける／猫用のベッドやケージを設置して、猫が落ち着けるスペースを設ける
③ツメとぎを設置する／猫はツメとぎをする動物。そのためのアイテムを部屋のなかに設置する
④室温は適温に／猫にとって快適な気温は20〜28度とされている。エアコンの活用などで、できるだけその気温（室温）を維持する
⑤上下運動を意識する／猫は高いところが好きで、上下運動は運動不足の解消にもなる。そのためのキャットタワーなどを設置する

気をつけたいポイント

適切な部屋作りについて、「このようなことがないように要注意」という気をつけたいポイントもあります。例えば家電の電気コードが不用意に放置されていると、猫がかじって家電が使えなくなったり、状況によっては猫が感電してしまうこともあります。

【部屋作りで気をつけたいポイント】

①電気コードのケア／家電の電気コードはトラブルの原因になるので、「使用していなければ片付ける」「カーペットの下に隠す」など、しっかりとケアする

②観葉植物のケア／観葉植物のなかには猫にとって毒性があるものもある。観葉植物ショップに確認してから購入を

③インテリアなどの固定／観葉植物を含めてインテリアや部屋に飾っている雑貨が安定していないと猫が倒してしまうことがある。大きなものは猫が飛び乗った際に倒れて、それがケガにつながることもある。倒れないようにしっかりと固定するのが基本である

MEMO 外飼いは以前のスタイル

猫の飼い方として、以前は猫を屋外で飼育、あるいは自由に散歩させるスタイルもありました。そのような飼育方法は一般的に「外飼い」と呼ばれています。地域や飼い主の生活スタイルにもよりますし、今でも外飼いの猫はいますが、社会の変化によって室内飼育が一般的な飼育方法になりつつあります。環境省がまとめた「住宅密集地における犬猫の適正飼養ガイドライン」では住宅密集地における猫の飼育について「猫は室内で飼うのが基本です」と明記されています。

NG 猫を責めない

愛猫と幸せに暮らすためには、基本的に「愛猫ファースト」でものごとを考えます。例えば愛猫が飾っていた雑貨を落としてしまい、それが壊れてしまったとしたら、「またイタズラをして……」と愛猫を責めるのではなく、「このような場所に置いているのが悪い」と考えましょう。

なお、猫を近づけたくない場合には市販の忌避剤（猫よけスプレー）を活用するという選択肢もあります。

POINT

● 「トイレを清潔に保つ」など飼い主は猫にとっての快適な部屋作りを心がける
● 電気コードなどのトラブルに原因になるものは問題が発生する前に対応しておく

11 捨て猫を見つけたらどうすればよい?

猫はつなぎとめておく義務がない。まずは本当に捨て猫かどうか、しっかりと状況を確認する

捨て猫だと思ったら

まずは捨て猫かどうかをしっかり確認

以前は捨て猫が多く、多頭飼育をはじめるきっかけとして「捨て猫を拾ったから」という理由が挙げられることもありました。環境省が発表している地方自治体などの「猫の引取り数の推移」を見ると、1989年は約34万匹、2020年は約4万5千匹です。この数字だけでは一概にはいえませんが、世間を見渡しても最近は捨て猫の数は減ってきているといえるでしょう。ただ、完全に猫が捨てられるケースがなくなったわけではなく、愛猫家としては困っている猫を見ると放ってはおけません。捨て猫を見つけたとき、どのように対応すればよいのでしょうか。

捨て猫への最初の対応

「捨て猫を見つけた」と思ったときに、まず気をつけたいのは、その猫が本当に捨て猫かどうかをしっかりと確認することです。もしかしたら地域で暮らす、いわゆる地域猫や散歩をしている飼い猫、あるいは迷い猫かもしれません。

【捨て猫の判断要素】

- **首輪やリードの有無**／首輪をしていたら飼い猫の可能性が高くなる。一方、リードについてはもとの飼い主が電信柱などにつないで捨てるケースがある
- **猫がいる状況**／とくに子猫はもとの飼い主が段ボールなどの容器に入れて捨てることが少なくない
- **母親の存在**／見つけたのがある程度まで成長した子猫であれば、食事をあげたり、危険から身を守る存在がいるということになる。つまりは母親がいて、そのままでも成長できる可能性があるということで、周囲に母親がいないかを確認する
- **猫の健康状態**／毛づやがよく、健康そうであれば飼い猫の可能性がある。一方、痩せすぎているなど、明らかに猫が健康を害しているようであれば保護の対象になる

捨て猫を見つけたら

猫や犬などの飼っていた動物を捨てることは、動物愛護管理法違反で「動物遺棄」という犯罪（1年以下の懲役または100万円以下の罰金）にあたります。その意味でも捨て猫を見つけたら、まずは地域の警察に連絡するのが基本です。その猫が迷い猫であれば警察に届けられている可能性もあります。

また、「捨て猫ではなさそうだけれどケガをして動けない」という猫を見つけた場合は地域の動物愛護センター（動物指導センターなど地域によって名称が異なることもあります）に連絡します。

❀警察に連絡後の対応

警察の確認が終わったあとの適切な対応は状況によって異なります。

仮にその猫をそのまま保護する場合の一例を紹介すると、警察に拾得物の届出をし（日本では法律上、猫は「物（もの）」として扱われることがあります）、地域の保健所、あるいは動物保護センターに連絡します。

そこで特別な指示がなければ、できるだけ早いタイミングで動物病院を受診します。たとえ見た目がきれいで健康そうでも、健康上のトラブルを患っている可能性があるので、受診は必須といえるでしょう。その後は連絡した保健所（動物保護センター）や診てもらった獣医師と相談しつつ、猫との暮らしをスタートすることになります。

MEMO　犬と猫の違い

犬は条例で「係留義務」が定められていることが多く、その場合は逃げるおそれがなく、人に危害を加えることのない方法で常に係留しておかなければいけません（「係留」とはつなぎとめておくことです）。そのため、町なかを1匹で歩いていたら、迷い犬や捨て犬である可能性がとても高いものです。一方、猫は「係留義務」がないので、捨て猫かどうかの判断が難しくなります。

POINT

- 捨て猫を見つけたら、まず、それが本当に捨て猫かどうかをしっかりと確認する
- 見つけた猫が捨て猫である可能性が高い場合は地域の警察に連絡する

12 猫は昔から日本にいた？

日本の飼い猫の歴史は長く、猫は紀元前から人間と暮らしてきたとされる

日本における飼い猫の歴史

歴史は紀元前から

　他の国にくらべて、「とくに日本人は猫好き」というわけではありません。なぜなら、猫は世界中で愛されている生き物だから。国内の飼い猫と人の歴史を見ると、以前は日本で人と猫が一緒に暮らすようになったのは6〜7世紀とされていました。それが2011年に調査された長崎県壱岐市のカラカミ遺跡から飼い猫のものとされる骨が発掘され、今では紀元前2世紀ごろから日本人は猫と暮らすようになったと考えられています。

　いずれにせよ、日本人と猫の関係には長い歴史があります。現在の愛猫家が幸せな生活を求めて多頭飼育をしようと思うのも自然な発想なのかもしれません。

代表的な日本の猫

　猫種には日本（Japan／ジャパン）という言葉がつく「ジャパニーズボブテイル」という日本原産のものがいます。「ジャパニーズボブテイル」は尾が短いのが特徴の一つです。他には「日本猫」という言葉もあり、こちらは古くから日本で暮らしてきた猫の総称です。日本猫は特定の猫種ではなく、血統の面では、いわゆる「雑種」です。最近よく耳にする「ミックス」も雑種のことですが、一般的に「ミックス」は異なる純血種の交配で生まれた猫をそのように呼ぶ傾向があります。

MEMO

猫は幸福を呼ぶ

　猫はよく「幸福を呼ぶ」といわれています。日本では置き物の「招き猫」が広く知られていますが、その由来には「毛づくろいの手招きをするような仕草が福を引き寄せる」などの説があります（諸説あります）。

POINT

●日本人と猫の歴史は長く、古くから生活をともにしてきた

第2章

新たな猫の迎え入れの
ポイント

多頭飼育をすることを決めたら次は猫との出会いです。
とくに最近はいろいろな出会いの場があるので、
その方法を含めて検討しましょう。
よい猫に出会えたら、迎え入れる前に
食事や一緒に暮らす部屋の準備を整えておきます。

13▶多頭飼育をしようか悩んでいる…

愛猫が増えると
費用やお世話の時間も増える。
多頭飼育を決める前にしっかり考える

猫の飼育を決める前に考えたい要素

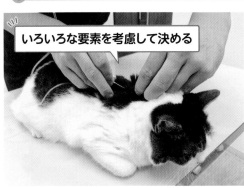

いろいろな要素を考慮して決める

猫はかけがえのない命であり、猫を飼育するということは大切な家族が増えるということです。「将来のことを考えずに、かわいさに惹かれて衝動的に決めてしまう」のはNGです。

猫と幸せな暮らしを送るためには環境を整える必要がありますし、費用がかかります。いろいろな要素を考慮したうえで決めましょう。

❀決める前に考慮したい要素

多頭飼育はもちろん、単頭飼育でも猫を飼育することを決める前には自分の生活の変化なども考慮します。

【飼育を決める前のチェック項目】

☐ **ずっと猫と暮らせる?**／猫の平均寿命は16歳ぐらい。自分の暮らしがどのように変化しても、最期まで一緒に暮らす責任がある。自分が高齢の場合を含め、健康面に不安がある場合は、あらかじめいざというときのための愛猫を託せるところを見つけておく

➡猫の成長ステージの詳しい情報は20ページ

☐ **他の家族も一緒に暮らせる?**／自分の両親（あるいは子ども）や兄弟など、同じ屋根の下で暮らしている家族も猫と一緒に暮らせるか、事前に確認を。家族の誰かに「猫アレルギー」がないかも確認する

☐ **経済的な問題はない?**／猫と暮らすには費用がかかる。飼育を決める前に家計をしっかりと見直す

➡猫との暮らしにかかる費用の詳しい情報は26、28ページ

☐ **猫と暮らせる住宅環境?**／猫との暮らしには一定のスペースが必要であり、そもそも「ペット禁止」の集合住宅では猫を飼育できない

➡とくに多頭飼育の理想的な住宅環境の詳しい情報は50ページ

多頭を決める前に考えたい要素

多頭飼育の場合は単頭飼育よりも、さらに飼育前に考慮したい要素が増えます。何より愛猫がもっとも求めているのは「飼い主に見守られて愛されること」というのを忘れてはいけません。

【多頭飼育を決める前のチェック項目】

☐ 猫同士の関係に気を配れる？／私たち人間と同じように猫同士にも相性がある。また、相性がよくても、ときにはケンカをして飼い主の仲裁が必要なケースもある

☐ 健康管理をしっかりできる？／健康上のトラブルにより、個別の食事管理が必要になるなど、多頭飼育は愛猫の健康管理が複雑になることがある。また、猫同士の関係が猫のストレスになり、それで体調を崩す可能性も否定できない

☐ 避妊・去勢手術をできる？／望まない繁殖を避けるために多頭飼育では単頭飼育に増して避妊・去勢手術が強く推奨される

➡猫の避妊・去勢手術の詳しい情報は59ページ

☐ 近隣の理解を得られる？／多頭飼育では猫同士が追いかけっこをして、その音が下の階に響いてしまうこともある。単頭飼育と多頭飼育では異なる印象を持つ人もいるので注意が必要

MEMO

災害時の避難

多頭飼育を決める前には災害時の避難のことも考える必要があります。大きな地震や洪水などの災害が起きたら、飼い主は愛猫と一緒に避難するのが原則です。飼育している頭数が多いと、そのぶん、避難するのも大変です。

POINT

● 猫の飼育を決める前に「ずっと猫と暮らせるか」など、いろいろな要素を考慮する
● 健康管理の問題など多頭飼育は単頭飼育よりも、より慎重に考える必要がある

第2章 ● 新たな猫の迎え入れのポイント【多頭飼育を決める前に】

14▶猫とはどこで出会える？

猫と出会える場はいろいろある。とくに最近は保護猫施設から迎え入れるケースが増えている

猫と出会える場所

保護猫施設の利用が増えている

新たに迎え入れる猫に出会うには、いろいろな場や方法があります。飼いたい猫種が決まっている場合はペットショップや、その猫種のブリーダーを訪れるのが一般的です。ただ、もともと愛猫家は愛犬家よりも猫種にこだわらない傾向があり、とくに最近は保護猫施設に相談する人が増えています。

●猫と人間の年齢の比較

出会いの場	特徴	生体の販売価格
ペットショップ	・チェーンの子猫・子犬の販売店やホームセンター内の生体販売コーナーが主流 ・どちらかというと純血種が多く、生体の販売価格も高めである ・店舗が多く、店舗が自宅の近くにあるケースも少なくない ・ヨーロッパ（とくにイギリスとドイツ、フランス）のペットショップは生体を展示販売していることは極めて稀で、基本的にはペットショップは飼育のためのアイテムを販売しているところである。アメリカでも猫の生体を販売しているところは減少している	店舗や猫種などによってさまざまだが、価格は高めの傾向がある
ブリーダー	・基本的に決まった純血種を繁殖していて、その猫種の適切な飼育に必要な専門的な知識を有している ・インターネットの検索エンジンで「（希望の猫種）、ブリーダー」で検索すると見つけやすい	
保護猫施設・地方自治体の動物愛護センター	・とくに最近は保護猫施設から新たに猫を迎え入れるケースが増えている ・地方自治体が猫の保護活動を依頼しているケースもある ・不定期で譲渡会を開催している施設もある ➡保護猫施設からの迎え入れの詳しい情報は40ページ	施設によるが譲渡手数料や保護医療協力金などが発生するケースが多い
里親募集サイト等	・インターネットではペットの里親募集情報サイトを利用すると見つけやすい ・動物病院やスーパーの掲示板などに里親募集の張り紙が掲示されていることもある	地方自治体に登録していない個人や団体からの医療費等を除いた営利目的の金銭の受け渡しは禁止されている
友人・知人	・国内の愛猫家は多く、意識すると「友人（知人）が里親を探していて…」という情報を得ることもある	

里親募集サイトから迎え入れる手順

猫との出会いの場にはいろいろなタイプがありますが、とくに注意が必要なのがペットの里親募集サイトを利用した場合などの個人間で話を進める場合です。

いざというときのために譲渡誓約書を取り交わしておくと安心です。

☀個人からの迎え入れの一例

状況によって異なりますが、里親募集サイトを利用した場合の一例は次の通りです。

【個人から猫を迎え入れる流れの一例】
①里親募集サイトに登録する

まずは信用できる里親募集サイトを探す。渡す側、迎え入れる側、双方の信用のため、会員登録が必要なケースがほとんど

※多くの場合、見るだけなら会員登録は必要ない

②迎えたい猫を探す

サイト内のキーワード検索などで、迎えたい猫を探す

※迎え入れる側の年齢や住宅環境などに制限があることもあるので要注意

③掲載者と連絡を取りあう

迎えたい猫を見つけたら、その情報掲載者と連絡を取りあう

※知りたいことがあれば、ここで訊ねる

※基本的にはサイト内だけでやりとりは完結する

※譲渡誓約書（雛形が用意されているサイトが多い）にも目を通しておく

④猫を引き取る

掲載者と直接会って、猫を引き取る

※譲渡誓約書は2枚作成し、それぞれが保管する

MEMO
専門店も確認を

猫の生体を販売しているお店も「信用できるショップかどうか」をしっかりと確認しましょう。環境省の公式サイトでは「動物取扱業者を選ぶときのポイント」が記載されています。主な内容をピックアップすると次の通りです。

【販売店選びの主なポイント】
☐ 店内に登録番号が記入された標識を提示してあるか

☐ スタッフは名札（識別票）をつけているか

☐ ケージが狭すぎたり明るすぎたりしないか

☐ 生後56日以内の子猫が売られていないか

☐ 店舗内が清潔か

POINT
● 猫との出会いの場はペットショップ以外にもいろいろある

● 個人から迎え入れる場合は譲渡誓約書を取り交わしておくと安心である

第2章 新たな猫の迎え入れのポイント【入手方法（出会いの場＆個人からの迎え入れ）】

15 ▶ 保護猫施設からの迎え入れ方法は？

保護猫施設からの迎え入れは スタッフと面談してから猫と面会し、トライアル期間を経てからとなる

保護猫を迎え入れる意義

保護猫施設で飼育できる頭数には限りがある

動物愛護センターなどの公的機関も含め、保護猫施設も猫との出会いの場で、最近はとくに新たな家族として保護猫を迎え入れる愛猫家が増えています。地方自治体が運営する保健所（または動物愛護センター）が引き取った動物を致死させることを「殺処分」といい、殺処分は以前から問題視されていました。環境省をはじめとする行政機関や地方自治体は「殺処分ゼロ」を目指してさまざまな活動を展開し、その数は確実に減ってきています。とはいえ、まだゼロにはなっておらず、2020年の国内の猫の殺処分数は19,705匹というのが現実です。

保護猫を責任をもって迎え入れるということは、その数を減らすことに役立ちます。

保健所と動物愛護センター

保健所は都道府県などに設置されている、地域住民の健康や衛生をサポートする公的機関です。その業務の一環として、動物によるさまざまな問題が発生した際には、動物の収容や保護を行います。

一方、動物愛護センターはどのような機関かというと、こちらも公的機関で「動物愛護管理法」に基づいて「動物保護」と「動物愛護普及」を主な業務としています。つまり動物保護センターは保健所の動物に関連した業務を行うことに特化した機関で、最近はその業務が保健所から動物愛護センターに移行しつつあります。

保護猫施設から迎え入れる手順

保護猫施設には公的機関である保健所、動物愛護センターの他にNPO法人などが運営するものもあります（一般的に「保護猫施設」というとこちらを指します）。こちらも公共性の高いもので、猫の幸せのために譲渡には条件が設けられています。インターネットの公式サイトなどで事前にしっかりと確認しましょう。

❊保護猫施設からの迎え入れの一例

施設によって異なりますが、保護猫施設を利用した場合の一例は次の通りです。

【保護猫施設から猫を迎え入れる流れの一例】

①条件を確認して応募する

まずは保護猫施設が設けている条件を確認する。問題がなければ施設の公式サイト内の「問合わせフォーム」などから申し込む。または保護猫施設のセミナーに足を運ぶ

②スタッフと面談する

保護猫施設のスタッフと面談して、お互いの条件などを確認する

※自宅の写真の提示を求められることもある

③猫と面会する

迎え入れの候補となる猫たちと実際に会い、相性などを確認する

※その保護猫施設で迎え入れたい猫と出会えたら各種書類に必要事項を記入する

④迎え入れの準備をする

フード入れや脱走防止用の柵など飼育のための準備を自宅で整える

※準備について電話やメールなどで保護猫施設のスタッフが確認する

⑤トライアルとして迎え入れる

新しい家族となる猫を迎え入れる。トライアル期間として2週間ほどの相性などを確認する期間が設けられていることが多い

⑥正式に迎え入れる

トライアル期間を過ごして問題がなければ正式に迎え入れる

※譲渡後も相談にのってくれたり、サポートが手厚いことが多い

MEMO

トライアル期間

保護猫を迎え入れるためのトライアル期間では実際に一緒に暮らしてみて、相性などを確認することができます。ペットショップなどでは、この期間がないことも多く、このトライアル期間は猫との出会いの場としての保護猫施設のメリットの一つでもあります。

POINT

- 保護猫を迎え入れることは社会的な意義もある
- 保護猫施設は正式な迎え入れの前にトライアル期間を設けていることが多い

16▶成猫と子猫の相性はよい？

猫同士の相性はそれぞれの個性によるが実際の親子はもちろん、成猫と子猫は相性がよいとされている

猫同士の相性

相性がよいとされる
組み合わせがある

　猫の多頭飼育をスタートする際に気になるのは「新入り猫が先住猫と仲よくなれるか」という問題でしょう。

　猫には個性があるので、結局のところ、この問題の答えは「一緒に暮らしてみないとわからない」です。

　ただ、一般論としては「相性がよいとされる組み合わせ」と、それとは反対に「相性がよくないとされる組み合わせ」があります。それらを新たに迎え入れる猫を決める際の判断基準の一つとしてもよいでしょう。

MEMO　相性に関する実例

　猫同士の相性について、どうしても反りが合わないケースもありますが、とくに飼育するのが2匹であれば、一般的にはそこまで問題とならないことが多いものです。仲がよくないといっても、互いに干渉しないでそれぞれのペースで暮らしている例も少なくありません。

成長ステージ別の相性

猫同士の組み合わせにはいろいろなパターンがあります。

基礎知識としてまず知っておきたいのが成長ステージ別の相性で、成猫と子猫の組み合わせは相性がよいとされています。なお、ここではおおまかな目安として、生後半年ぐらいまでを子猫、半年から11歳ぐらいまでを成猫、それ以降を老猫としています。

➡猫の成長ステージの詳しい情報は20ページ

【成長ステージ別の猫の相性の傾向】

■**成猫×子猫** ■**相性○**

野良猫の世界でも成猫にとって子猫はライバルとならないので相性はよい傾向がある。なかでもじつの親子は子猫が成長してからも仲がよいことが多い

■**成猫×成猫** ■**相性○または△**

この組み合わせは性別も意識したい要素で、さらに個性の差が強く反映される

➡性別の違いによる相性の詳しい情報は44ページ

■**子猫×子猫** ■**相性○**

子猫はお互いによい遊び仲間になる、相性がよい組み合わせ。なかでも同時期に生まれた兄弟はほとんどのケースで仲よく育つ

■**老猫×子猫** ■**相性△**

猫も人間と同様に歳を重ねると運動量が落ちてゆったりとした生活リズムになる。活発な子猫は老猫のストレスになる可能性がある

POINT

● 猫には個性があり、基本的に猫同士の相性は一緒に暮らさないとわからない
● 傾向としては成猫と子猫は相性がよいことが多い

17 ▶ オス同士は仲よくできない？

あくまでも、それぞれの性格次第だが
メス同士の組み合わせよりも
オス同士のほうが要注意とされている

性別と猫同士の相性

性別の違いも相性に
関係があるといわれている

猫のオスとメスでは性格の傾向が異なり、性別も猫同士の相性と関係があるとされています。

ただし、私たち人間がひと口に男性といってもいろいろな性格の人がいるように、性別の違いによる相性も結局は個性次第ということになります。あくまでも相性に関係する可能性がある一つの要素にすぎません。

➡ オスとメスの違いの詳しい情報は21ページ

❀ 避妊・去勢手術と性格

猫の飼育では、愛猫に繁殖をさせる予定がない場合は避妊・去勢手術を受けさせるのが基本です。

そして、避妊・去勢手術をすると、性格が少し変わることが少なくありません。

オスとメスに共通していることとして、手術をすると落ち着いて性格も優しくなるとされています。とくにオスは他者への攻撃性が緩和されるようです。

その意味でも多頭飼育の場合は避妊・去勢手術をしたほうがよいということになります。

MEMO
手術直後は神経質

避妊・去勢手術は動物病院という慣れない環境で行うので手術直後は猫が神経質になることが少なくありません。

新たに猫を迎え入れる場合の猫同士の顔合わせは避妊・去勢手術を受けるタイミングも含めて調整するとよいでしょう。なお、この考え方は他の健康上のトラブルの手術にも共通しています。

【性別の猫の相性の傾向】

■オス×メス　　■相性○

　人間でいう男女の組み合わせは、一般的には相性がよい組み合わせとされている

■メス×メス　　■相性○

　メスはオスにくらべると縄張り意識が強くないので、比較的、相性がよい

■オス×オス　　■相性△

　オスはメスにくらべて縄張り意識が強いこともあり、反りが合わない可能性がある

性格と猫同士の相性

　ひと口に性格といっても、いろいろな考え方があります。猫同士の相性で意識したいのは、その猫が「社交的であるか」、または反対に「内向的であるか」です。良い悪いではありませんが、一般的に多頭飼育に向いているのは社交的な性格の猫といわれています。社交的な猫は同居している猫に限らず、他の猫とも積極的にコミュニケーションをとり、毛づくろいなどの他の猫のお世話をするのが好きです。

　一方、内向的な猫は他の猫とのコミュニケーションをとるのはあまり好まず、言葉を換えると飼い主からはマイペースに見えます。

　基本的には社交的な猫同士は相性がよく、また内向的な猫同士もそれぞれのペースであまり干渉することなく、問題なく一緒に暮らすことができます。それに対して一方の猫が社交的で、もう一方の猫が内向的だと、内向的な猫が社交的な猫の積極的な姿勢を嫌がる可能性があります。

注意したい組み合わせ

　ここまで、いくつかの組み合わせのパターンを見てきましたが、注意したいのは「成猫のオス×成猫のオス」「老猫（性別不問）×子猫（性別不問）」です。ただ、それよりも社交的（あるいは内向的）などの個々の性格が重要で、やはり結局のところは「一緒に暮らしてみないとわからない」ということになります。一時的に暮らすトライアル期間がある場合はよく様子を観察しましょう。

MEMO

猫の性格はどうやって決まる？

　猫の性格は主に生まれついての遺伝的な要素と、とくに小さいころの育った環境という二つの要因によって決まると考えられています。とくに成猫はある程度、性格が決まっているので、迎え入れる前に性格やこれまでの育ってきた環境を確認し、必要に応じて適した対応を行いましょう。

POINT

● 猫はオスとメスで性格が違う傾向があり、オス同士の組み合わせには注意が必要とされている

● 迎え入れる前にその猫の性格などを確認しておく

18 ▶ 健康はどこをチェックするとよい?

健康な猫は
目ヤニなどがなくて、毛づやがよく、
全体的にイキイキとしている

一般的な猫の健康チェック

　新しい猫を迎え入れる前には、事前にその猫の健康状態を確認しておくことが大切です。何か健康上のトラブルを抱えている場合は、あらかじめ、そのトラブルに対応するための準備が必要なこともあります。一般的には下のような項目をチェックするとよいとされています。

目
目ヤニが多い場合は、目にトラブルを抱えていることがある

耳
たくさんの耳アカが溜まっていると耳ダニなどの寄生虫の寄生が疑われる

毛並み
猫にとって毛並みは健康のバロメーターの一つ。元気な猫は毛づやがよい

口
健康な猫は舌や歯ぐきがきれいなピンク色をしている

歩様
歩様（歩き方）もしっかりと確認したい項目の一つ。歩様に違和感があると足のトラブルを抱えている可能性がある

健康な猫は元気でイキイキしている

保護猫や捨て猫を迎え入れる場合は、性別や年齢が不明なこともあります。

性別については成猫は睾丸の有無で判断できます。なお、オスの去勢手術は睾丸を摘出するものなので、去勢手術後のオスには睾丸はなく、睾丸を入れていた皮だけが残っている状態となります。外見上は少し膨らんでいて、手術前のオスと睾丸がないメスの中間のような見た目をしています。

猫のオスは尾の付け根の下側に睾丸がある

子猫の性別の見分け方

子猫のオスは成猫ほど睾丸が目立ちませんが、よく観察すると睾丸が確認できます（ペットショップでも、この外見的な特徴で判断することが多いようです）。また、その他の性別の外見上の違いとしては「オスのほうが大きく、足が長い傾向がある」などが挙げられますが、個体差もあるので、それだけで判断するのは難しいでしょう。

❋猫の年齢

子猫は体が小さく、顔があどけないことなどから「まだ子どもである」ということは判断できますが、より具体的に「生後何カ月である」と見極めるのは難しいものです。一つ覚えておきたい情報としては猫の歯について、乳歯は生後3〜4週ぐらいから生えはじめ、6〜7週ぐらいに生えそろいます。そして、生後3カ月ぐらいから乳歯が抜けはじめて6カ月を目安に永久歯へと換わります。

一方、シニア世代の猫については、やはり歯が見極めのヒントとなり、年齢を重ねると歯がすりへって先端が丸い歯が目立つようになります。そして10歳を過ぎたころから歯周病により歯が抜ける猫もいます。

➡シニア猫の詳しい情報は112ページ

POINT

● 迎え入れる猫の健康状態は事前にチェックする
● 性別は睾丸で判断することができる

第2章 新たな猫の迎え入れのポイント【迎え入れ前の健康チェック（基本的な確認）】

それまで飼育されていた猫は基礎疾患やそれまでの飼育環境など、飼い主からいろいろな情報を聞いておく

健康状態のチェック

健康に関する情報は見た目ではわからないこともある

「知人から引き取る」「保護猫を迎え入れる」などのケースで、以前の飼い主とコミュケーションをとれる場合は、その猫の飼育に関係する情報を聞いておきます。

病気などの現在の情報はもちろん、ワクチンを受けた時期なども確認しましょう。

ワクチン接種等の確認

現在の健康状態はもちろん、とくに事前確認をしておきたいのがワクチン接種の経験と、接種しているのであれば、その時期についてです。

というのも、猫には「猫汎白血球減少症」などのかかると命にかかわる病気があり、ワクチンを接種することによって、そのような病気を防ぐことができるからです。

➡ワクチン接種の詳しい情報は58ページ

【確認しておきたい健康上の情報】

- ●**避妊・去勢手術**／手術をしたかどうかを確認する。繁殖の予定がなければ避妊・去勢手術をしたほうがよい
- ●**基礎疾患**／基礎疾患とは慢性的な心臓などの内臓や血液の病気、あるいは免疫の機能が低下する病気のこと。「猫白血病ウイルス感染症」や「猫免疫不全ウイルス感染症」などは猫の基礎疾患にあたる
- ●**ウイルス検査**／「猫白血病ウイルス感染症」や「猫免疫不全ウィルス感染症」は感染しているものの症状を発症しないことがある。そのキャリア（ウイルスを保有した状態のこと）であるかも検査をしておく
- ●**ワクチン接種**／ワクチン接種について、その種類や最後に接種した時期を確認する
- ●**駆虫**／寄生虫について、新入り猫が寄生されていると、先住猫に移ってしまうことがある。寄生虫の駆虫についても確認を
- ●**マイクロチップ**／2022年6月から販売される猫についてマイクロチップの装着が義務化されている

➡マイクロチップの詳しい情報は60ページ

飼育環境のチェック

飼育されていた環境を聞き、必要に応じて、それに近い環境を整えると、迎え入れた猫が新しい環境にスムーズに馴染むことができます。

なお、やむなく猫を手放さなければならなくなった飼い主から引き取る場合は、お気に入りのベッドなど、その猫が愛用していたアイテムも一緒に引き取るとよいでしょう。

お気に入りのおもちゃも引き取りたい

【確認しておきたい飼育環境の情報】

- 与えているフード／猫は犬よりもフードの好みの個体差が大きく、フードがかわると食べないことがある
- 譲渡に到った経緯／譲渡に到った経緯が、これからの飼育に関係することもある。例えば飼い主に虐待された経験がある猫は人間の大声が極端に苦手なことも
- それまでの日常／それまでは同じベッドで飼い主と一緒に寝ていた猫は、寝るときに一人だと不安になる可能性がある。ちょっとした情報でも聞いておくとよい

とくに食事の内容や与え方は以前の飼い主に聞いておきたい情報の一つ

性格の確認

個々の性格については、多頭飼育で大切なのは「先住猫と仲よく暮らせるか」です。基本的には相性の問題なので実際に引き合わせてみないとわかりませんが、一般的には社交的な猫のほうが向いているといえるでしょう。性格はパッと見ではわらないので、時間をかけて観察するのがよく、それまで飼育されていた猫であれば、その飼い主から性格についての情報も聞いておきましょう。

POINT

- 飼育されていた猫の場合は以前の飼い主からワクチン接種などの健康に関する情報を聞いておく
- 以前の環境に近づけるとスムーズに馴染める

第2章 新たな猫の迎え入れのポイント【迎え入れ前の健康チェック（飼育猫の場合）】

20 ▶ 多頭飼育の環境のポイントは?

猫の飼育スペースは広いほうがよく、そのためには高低差を意識した部屋作りがポイントとなる

🐾 多頭飼育の部屋作り

とくに多頭飼育では
高低差を意識したい

新たに迎え入れる猫がストレスなく生活できる環境を整えることができるかどうかも、多頭飼育のスタートを決める前に考慮したい要素です。

まず、愛猫のための部屋作りの基本は単頭飼育と共通しています。それに加えて多頭飼育ではより高低差を意識します。猫を飼育するためのスペースは広いほうが好ましいのですが、それにはどうしても限界があります。その点、高低差は工夫の余地が大きいものです。

➡ 猫のための部屋作りの詳しい情報は30ページ

◉高低差に役立つアイテム

高低差はアイテムを活用すると、つけることができます。代表的なのはキャットタワーです。キャットタワーはサイズやかたちなど、いろいろなタイプが市販されています。

また、とくに住まいが戸建ての場合は「キャットウォーク」も有効です。キャットウォークとはもともとは高いところにある猫の通路のことですが、最近は猫が自由に移動できる設備やスペースを総称する言葉として使われています。インターネットの通販サイトで「キャットウォーク」で検索すると、いろいろな商品がヒットします。

MEMO
動線は一定の幅で

多頭飼育の部屋作りでは、それぞれの愛猫のストレスにならないように、愛猫の動線が一方通行にならないように気をつけることもポイントです。たとえばステップを設置する場合、すれ違うことができるように一定の幅を設けるといった具合です。

共有できるものとできないもの

すでに猫と暮らしていて、新たな猫を迎え入れる場合、「アイテムは2匹で共有すればよい」と考えるかもしれませんが、実際は共有できるものは多くはありません。飼育スタイルにもよりますが、たとえばトイレは「飼育頭数＋1」がよいとされています。つまり、猫を迎え入れるたびに新たに購入することが推奨されているということです。

【多頭飼育と主なアイテムの基本的な考え方】

● フード入れ／

とくに健康上のトラブルを抱えていて療法食が必要な猫は専用のフード入れが必須となる。日々のフードの量を個々でしっかりと管理できるという意味でも、できれば、それぞれに専用のフード入れを用意したい。

一方、水入れは一つを共有できることが多い

● トイレ／

トイレの数は「飼育頭数＋1」を基本に考えるとよい。1匹の場合でも2個となるが、例えば1階と2階などの離れた位置に設置することは、粗相（そそう）を減らすことに役立つ。多頭飼育では消費する猫砂の量が多くなることも、あらかじめ考慮する

● その他／

ツメとぎは共有できるが、頭数が増えると消費が早くなる。

また、キャリーケースは頭数分あったほうがよく、ケージや脱走予防用の柵の必要度も高くなる。できればクッションなどの猫のベッドとなるものも頭数分用意したい

❀個性に応じたアイテム選び

愛猫の幸せな暮らしを願うのなら、日々の暮らしで使用するアイテムも個性に応じたものを選びたいものです。

たとえばフード入れは高さがあるものが市販されています。このタイプのフード入れは、食べたフードの吐き戻しの予防に役立ち、前肢の関節への負担も軽減すると考えられています。

POINT

● 多頭飼育のための飼育環境ではとくに高低差を意識したい
● フード入れやトイレは複数個を用意したい

第2章 新たな猫の迎え入れのポイント【多頭飼育のための飼育環境】

21▶食事を手作りしたほうがよい？

手作りにはしっかりとした知識が必要。毎日の食事は市販のキャットフード（総合栄養食）がよい

猫に必要な栄養素

食事も用意しておく

　私たち人間と同様に、猫にとっても食事は健康を維持し、楽しい生活を支える大切な要素です。

　キャットフードを売っているお店がお休みのことがありますし、通信販売は注文から配達まで時間がかかるので、新たに猫を迎え入れる前に、少なくても数日分の新入り猫用の食事を用意しておきましょう。

　食事の内容についてはドライタイプのキャットフードをベースにするのが一般的です。

　また、飼育されていた猫を迎え入れる場合、以前の飼い主に、それまでの食事の内容を聞き、それに合わせるとよいでしょう。

猫に必要な栄要素

　猫のことをより深く理解するために、猫に必要な栄養素のことも知っておきましょう。

　まず、人間に必要な栄養素については「たんぱく質」「脂質」「炭水化物」が三大栄養素として知られています。おおまかにいうと、たんぱく質は筋肉や皮膚などの体をつくり、脂質と炭水化物は運動のエネルギー源となります。その三大栄養素は猫にとっても必要ですが、人間ほどには炭水化物を必要としない一方、たんぱく質はおよそ2倍も必要です。なお、たんぱく質はアミノ酸で構成されていますが、そのアミノ酸のなかでも猫にはタウリンとアルギニンが重要で、それらの不足は目や心臓の機能に異常につながります。

●人間と猫に必要な栄養素の割合

	たんぱく質	脂質	炭水化物
人間	18%	14%	68%
猫	35%	20%	45%

MEMO

たんぱく質と食材

　たんぱく質が豊富に含まれている食材の代表格は魚と肉です。猫が魚と肉を好むのは、必要な栄養素が豊富に含まれているという合理的な理由があるということになります。

猫には三大栄養素の他にビタミンやミネラルも必要で、それらをしっかりと摂れるような食事を毎日、作るのは大変です。そこで、多くのベテラン飼い主は愛猫の日々の食事を市販のキャットフードをベースにしています。市販のキャットフードは大きくはドライタイプとウェットタイプにわけられます。

【市販のキャットフードの種類】

●ドライタイプ／

含まれている水分量が10%と少なく、「カリカリ」と呼ばれることもある。ウェットタイプよりリーズナブルで、開封後も約1カ月ぐらい保存ができる

●ウェットタイプ／

含まれている水分量は75%前後の商品が多く、水分補給にもなる。嗜好性は高い傾向にある。開封後の保存期間は数日ぐらいと短いが、開封しなければ一定期間の保存が可能

❀普段の食事は総合栄養食

市販のペットフードはペットフード公正取引協議会により「総合栄養食」「間食」「療法食」「その他の目的食」に分類されています。いずれもパッケージに表記されているので、よく確認してから購入しましょう。普段の食事のためのものは総合栄養食です。

なお、間食はおやつ、療法食は健康上のトラブルを抱えている猫のためのもので、その他の目的食には特定の栄養素の調整や嗜好性増進などの目的を満たすものがあります。

NG 手作りをメインにしない

愛猫のために手作りの食事を用意するのは必ずしも悪いことではありませんが、そのためには必要な栄養素の摂取量やカロリーなど、専門的な知識が必要です。また、猫には与えてはいけない食材もあり、そちらにも注意が必要です。さらに飼い主の負担も大きくなることから、一般的には猫の毎日の食事を手作りするのは推奨されていません。

【猫に与えてはいけない食材の一例】
- ●ネギ類　　●ニンニク　●生卵
- ●チョコレート　●ブドウ(レーズン)
- ●アルコール類

POINT

●一般的に猫の食事は総合栄養食のドライタイプのキャットフードがベースとなる

22▶みんな一緒の食事でよい？

年齢が離れている場合など、状況によっては個性に応じた食事が必要になることもある

🐾 成長ステージ別の食事

その猫用の食事が必要になることもある

　新たに迎え入れる猫のために、「先住猫に与えたものとは違うキャットフードを用意したほうがよいか」はケースバイケースです。注意したいのは成長ステージで、一般的に市販のキャットフードは「子猫用」「成猫用」「シニア用」という三つにわけられています。つまり先住猫が成猫で迎え入れる猫が子猫の場合は子猫用のキャットフードを用意しておくということになります。

●一般的なキャットフードの分類

子猫用	離乳〜1歳以下
成猫用	1歳〜6歳以下
シニア用	7歳〜

特別な食事

　新たに迎え入れる猫が健康上のトラブルを抱えていて、療法食が必要なこともあります。また、トラブルとまではいかないまでも不安なことがあれば、それに適したタイプのキャットフードを選んだほうがよいでしょう。最近は市販のキャットフードのラインナップが充実していて、「吐き戻し軽減」や「避妊・去勢した猫用」など、さまざまなタイプを選ぶことができます。

1日の食事量

　肥満はいろいろな健康上のトラブルの原因になるので、太り気味の猫は注意が必要です。それが気になる愛猫には「太り気味の猫用」の食事を用意するとともに適切な量をしっかりと守る必要があります。

　適切な量は体重などによって違い、たとえば「3kgなら1日に45g」というようにキャットフードのパッケージに表記されています。そちらをベースに愛猫の体調などを加味して必要に応じて調整します。

MEMO

好みに応じたフード選び

　一般的にはウェットフードのほうがドライフードよりも嗜好性が高いので、食欲が落ちたときのためにウェットフードも用意しておくとよいでしょう。また、猫によっては同じ食事に飽きて食べなくなることもあります。その場合、同じドライフードでも別の商品にすると食べるようになることがあります。

おやつの考え方

　キャットフード同様、猫用のおやつもいろいろな種類が市販されています。基本的に市販のおやつは嗜好性を重視しているため、ほとんどの猫が大好きです。ただ、与えすぎは肥満につながるので注意が必要です。数日に1回を目安にするとよいでしょう。

　また、たとえば「ツメ切りが嫌いな猫」は「ツメ切りのあとにおやつ」を習慣にするとツメ切りへのストレスが軽減されると考えられています。このようにご褒美として扱うのも、おやつの有効な活用術の一つです。

POINT

● 個性に応じた食事の用意が必要になることもある
● おやつは与えすぎないように気をつける

第2章　新たな猫の迎え入れのポイント【食事の準備（個性に合わせた食事）】

23▶トイレはどこに設置する?

住宅環境によっては
トイレは複数個を用意する。
設置は人の出入りが少ないところに

トイレと猫砂の選び方

トイレも事前に準備

猫を迎え入れてからは何かと忙しくなるものです。トイレも事前に用意しておきましょう。

トイレは容器に猫砂(トイレ砂ともいいます)を入れるのが一般的です。容器は猫用のものとして、いろいろなタイプが市販されていますし、一定のサイズで、それと似たようなかたちをしているものであれば他のものを利用するのもOKです。

【トイレ選びのポイント】

●一定の大きさ／

猫は排泄の姿勢をとる前にトイレのなかでクルクルと回ることがある。トイレはその行動ができる大きさが必要となる

●十分な深さ／

猫が砂かきをたっぷりできるように、十分な量の猫砂を入れられる深さのものを選ぶ

●安定する重さ／

猫が縁に体重をかけてもひっくり返らないように安定する重さが必要

猫砂の選び方

猫砂はいろいろなタイプが市販されています。素材別では「鉱物系」「シリカゲル系」「紙系」「材木系」「おから系」などがあり、粒の大きさもさまざまです。

消臭効果などの違いがありますし、猫によって好みが違うこともあります。使いやすいものを見つけるのも、愛猫との幸せな暮らしのためのポイントの一つです。

MEMO トイレのしつけ

猫はもともと砂の上で排泄する習性があるので、犬ほどトイレのしつけに苦労しません。そわそわするなどの排泄をしたい仕草をしたら、すみやかにトイレに連れていきます。それで排泄をしたら、次回からは同じ場所で排泄をするようになるのが一般的です。

トイレの設置場所

愛猫を飼育する住宅環境によりますが、基本的にトイレの個数は「頭数＋1」で考えます。これは愛猫が排泄をしたいときにスムーズにトイレに向かえるようにするためです。なお、一般的に多頭飼育でトイレを複数個、設置しても、ある猫が専用で使用することはなく、共有することが多いとされています。

トイレの設置場所については、人の出入りが少なく、愛猫が落ち着いて排泄できる場所を選ぶのが基本です。

MEMO

洗面所もよい

トイレの設置場所は人の出入りが少ないところ以外に「寒くならない」のもポイントの一つです。具体的にはリビングや寝室、洗面所などが適切な設置場所として挙げられます。

NG―玄関は不適

玄関は猫のトイレの設置場所として好ましくありません。理由は人の出入りが多く、脱走してしまうおそれがあるからです。

トイレの掃除

多頭飼育をすると、そのぶん、排泄物の量が多くなります。猫の排泄物には臭いがありますし、飼育スペースをできるだけ清潔に保つためにも、排泄物はできるだけ早めに片付けるのが基本です。

尿は猫砂がかたまったら、その塊をシャベルなどを使ってゴミ袋に入れ、便も同様にシャベルを使うか、ティッシュなどでつまんで処理します。

その際には出血の有無など、愛猫の健康状態をチェックしましょう。

➡尿の確認の詳しい情報は99ページ

MEMO

トイレの容器の掃除

トイレを清潔な状態に保つため、月に1〜2回は猫砂を全部抜いてトイレ(容器)を掃除しましょう。トイレ(容器)の掃除は「浴室用洗剤を使って水洗いして干す」、あるいは「ペットのお掃除用スプレーや除菌シートなどを使って全体をきれいに拭き取る」という方法で行います。

P O I N T

● 迎え入れる前にしっかりとトイレの準備をしておく

第2章 新たな猫の迎え入れのポイント[トイレの準備]

24 ワクチン接種は必要？

とくに多頭飼育では ワクチン接種や避妊・去勢手術を 受けさせるのが基本である

ワクチン接種

ワクチンを接種する

飼育環境だけではなく、新入り猫についても、しっかりとした準備が必要です。とくに健康面に注意が必要で、多頭飼育では新入り猫が何かの病気にかかっていると、その病気が先住猫に移ってしまう可能性があります。

多頭飼育では迎え入れる前に新入り猫に感染症を防ぐワクチンを接種させるのが基本です。

●主なワクチンの種類

ワクチンの種類			対象の病気名	対象の病気の概要
5種混合	4種混合	3種混合	猫ウイルス性鼻気管炎	「猫風邪」とも呼ばれ、くしゃみや鼻水など、人間が風邪をひいたときと同じ症状が見られる
			猫カリシウイルス感染症	上の「猫ウイルス性鼻気管炎」と同じような症状が見られ、進行すると口内や舌が炎症を起こす
			猫汎白血球減少症	症状は激しい嘔吐、発熱、下痢など。死に至ることもある危険な感染症
			猫白血病ウイルス感染症	咬み傷や切り傷の傷口などから感染することが多い。感染した猫の多くは2〜4年ほどの余命となるとされる
			クラミジア感染症	「猫クラミジア」という細菌が感染することで起こる。主として結膜炎を発症する
単独ワクチン			猫免疫不全ウイルス感染症	「猫エイズ」とも呼ばれる。最終的には免疫が働いていない状態になり、死に到ることもあるが、最近は発症しないまま天寿をまっとうすることもある

ワクチンの証明書

ワクチンは生後2〜4カ月までは月に1回、それ以降は定期的な接種が推奨されていて、その費用は1回につき3,000〜7,500円ぐらいです（内容などによって異なります）。また、接種すると証明書が発行されますが、ペットホテルの利用時などに必要になるのでしっかりと保管しておきましょう。

新入り猫が「避妊・去勢手術をしているかどうか」も事前にしっかりと確認したおきたい項目の一つです。

とくに多頭飼育では先住猫を含めて避妊・去勢手術をしていないと、あっという間に猫の数が増え、やがては多頭飼育崩壊へとつながってしまうことがあります。というのも、猫は繁殖力が強い生き物で、一度の出産で4〜8頭の子猫を出産するからです。それに、避妊・去勢手術をすると、性格が大人しくなり、多頭飼育をしやすくなる傾向があります。

繁殖する予定がない場合はすみやかに避妊・去勢手術を受けてもらうのが基本です。

避妊・去勢手術の時期と費用

子猫から育てる場合、避妊・去勢手術はある程度、大きく成長してから発情期を迎えるまでの間に行うのがベストとされています。具体的には生後6カ月前後に受けるのがよく、それ以降の成長ステージであれば手術は受けられます。

なお、手術の費用はメスの避妊手術は10,000〜40,000円ぐらい、オスの去勢手術は5,000〜20,000円ぐらいです。

また、地方自治体によっては猫の避妊・去勢手術に助成金を出していることもあります。

避妊・去勢手術は生後6カ月前後で受けることができる

事前に確認を

保護猫施設では保護している猫にワクチン接種と避妊・去勢手術を受けさせているケースが多くあります。とくに気をつけたいのは個人から迎え入れる場合で、事前にそれらを確認し、まだ受けていない場合は、渡す側と引き取る側のどちらの責任で行うのかをクリアにしておきましょう。

POINT

● 迎え入れる前にワクチン接種と避妊・去勢手術の情報を確認し、どちらの責任で行うのかをクリアにしておく

25 マイクロチップは必要?

販売されている猫については
マイクロチップが義務化されていて
飼い主は変更登録をしなくてはいけない

🐾 マイクロチップの義務化

登録内容の変更が必要
マイクロチップを装着した猫は

「マイクロチップ」は新たに猫を迎え入れる飼い主が知っておきたい言葉の一つです。国内では2022年6月1日からペットショップなどで販売される生体について、マイクロチップの装着が義務化されました。ペットショップなどで購入した猫にはマイクロチップが装着されているので、その飼い主の情報を自分のものに変更する必要があります。

また、他の飼い主から猫を迎え入れるときにも、すでに装着している、あるいは新たに獣医師に依頼してマイクロチップを装着する場合は自分の情報の登録が必要になります。

🐾マイクロチップの目的

猫に装着されたマイクロチップを専用リーダーで読み取ると、データベースから飼い主の情報がわかるようになっています。これは猫が迷子になったときにスムーズに見つかることに役立ちます。また、地震などの災害で離ればなれになったときにも、飼い主のもとへ戻れる確率が高くなります。

MEMO マイクロチップは円筒形

猫に装着するマイクロチップは動物の個体識別を目的とした電子標識器具で、直径約1〜2mm、長さ約8〜12mmの円筒形です。

チップに電池はなく、耐久年数は約30年といわれています。

装着は専用の器具を使い、必ず獣医師が獣医療行為として行わなければいけません。一般的には背中の前肢付近の皮下に注入します。

マイクロチップの変更手続き

　ブリーダーやペットショップから迎え入れる場合は基本的にマイクロチップはすでに装着されていて、飼い主は登録内容の変更を自分で行うのが一般的です。また、他の飼い主から、すでにマイクロチップが装着されている猫を迎え入れる場合も同様の手続きが必要です。

※詳しい情報は環境省公式サイト「犬と猫のマイクロチップ情報登録」
　(https://reg.mc.env.go.jp/) に記載されています。

【マイクロチップの変更手続き】

- **概要**／新たな飼い主の氏名や住所、電話番号などの情報を国のデータベースに30日以内に登録しなければならない
- **登録情報の申請先**／公益社団法人日本獣医師会
- **申請方法**／紙またはオンライン

※猫の所有者が変更になったときは前の飼い主の登録証明書が必要

※オンライン申請はパソコンやスマホでの情報の登録が可能

- **費用**（登録・変更登録料）／紙申請は1,000円、オンライン申請は300円

※以前の飼い主は新たな飼い主に再交付した登録証明書を渡す（再交付には紙申請は700円、オンライン申請は200円が必要）

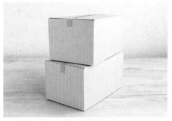

マイクロチップの手続きは飼い主が変更になったとき以外に「住所や連絡先が変わった」「愛猫が亡くなった」「新たにマイクロチップを装着した」というときにも必要

※すでに飼育している猫の場合

　マイクロチップの装着が義務化されたのは、ペットショップなどで販売される猫についてです。

　ですので、すでに飼育している愛猫については義務の対象とはなっていませんし、これに違反した場合の罰則も明文化されていないのが現状です（2023年1月現在）。

　ただ、もしものときに備えて、新たにマイクロチップを装着することは可能で、その場合は動物病院に依頼することになります。費用は施設によってことなりますが、数千～1万円ぐらいで、それに加えて紙申請は1,000円、オンライン申請は300円という登録料が発生します。

POINT

- **2022年6月から販売される生体のマイクロチップの装着が義務化された**
- **すでに飼育されている猫については義務ではない**

第2章　新たな猫の迎え入れのポイント【新入り猫の準備（マイクロチップ）】

26▶迎え入れは仕事が終わってからでよい?

いざというときのために
新入り猫を迎え入れるのは
できれば午前中が好ましい

新入り猫の迎え入れ

迎え入れは
午前中がよい

新入り猫がそれまでに愛用していたタオルなどをキャリーケースに敷くとよい

新しい家族となる猫が決まり、ワクチン接種などの事前の準備がすんだら、いよいよ迎え入れです。

新入り猫を自分で自宅まで運ぶ場合はキャリーケースを利用するのが一般的です。ですので、事前にキャリーケースを用意しておく必要があります。車で移動する場合は、新入り猫が落ち着くように、布をかけてなかを暗くしてあげるとよいでしょう。

なお、たとえば獣医師に診てもらいたいことが発生した場合など、何かあったときに対応しやすいように、できれば午前中に迎え入れるのが基本です。

仔猫は保温に注意する

一般的に猫の出産時期は3〜4月ごろと8〜9月ごろの年2回で、季節でいうと春と秋になります。すると秋に生まれた子猫は冬を迎えてもまだ生後数カ月と幼い可能性があります。

子猫は体温を調節する機能がまだ十分に発達していないため、寒さに弱いものです。ですので移動中に長時間にわたって寒い環境にいることがないように気をつけます。携帯カイロなどを活用するとよいでしょう。

MEMO 電車も利用可能

保護猫施設には自宅まで新入り猫を運んでくれるところもあるので、迎え入れ当日の運搬方法は事前に確認しておきましょう。

なお、基本的には猫の運搬は電車やバスなどの公共の交通機関も利用可能です。多くはキャリーケースに入れる必要があり、その状態で改札などにて係員に確認をしてもらい、そこで別途手回り品料金を払って利用します。

迎え入れ当日の一例

　迎え入れ当日の適切な過ごし方はケースバイケースです。基本的には新入り猫の様子を確認して、新入り猫がストレスなく過ごせるように行動します。ここでは一例として、キャリーケースを使って自分で運んできた新入り猫を先住猫とは別の部屋で慣らす方法を紹介します。先住猫との顔合わせについてはケージを利用するのが一般的です。

➡先住猫との顔合わせの詳しい情報は64ページ

①キャリーケースの扉を開ける

　新入り猫用の部屋に新入り猫が入ったキャリーケースを運び入れます。先住猫が入ってこないように部屋のドアを閉めてからキャリーケースの扉を開け、新入り猫が出てくるのを待ちます。

②食事を与える

　しばらく新入り猫の様子を見守ります。状況によっては一緒に遊ぶのもよいでしょう。そして新入り猫が新しい環境に慣れてきたら食事と水を与えます。何かを強制するのはNGで、無理に食べさせてはいけません。

③トイレを教える

　新入り猫が何かソワソワしだしたら、排泄をしたい可能性があります。そっとトイレに運んで、そこでの排泄を促します。あとは引き続き見守り、眠そうだったらベッドに運んであげるのもよいでしょう。

POINT

- ●新入り猫を迎え入れるのはできれば午前中がよい
- ●基本的に迎え入れ当日は新入り猫が新しい環境に慣れるのを見守る

第2章　新たな猫の迎え入れのポイント[スムーズな迎え入れのコツ]

27 すぐに猫同士の顔合わせをしてよい？

新たに猫を迎え入れたら
新入り猫をケージに入れるなどして
徐々に2匹の距離を縮めていく

顔合わせの基本

2匹の距離は
徐々に近づける

新たに家族の一員となった新入り猫には徐々に新しい環境に慣れてもらうのが基本です。先住猫との関係についても同様で、飼い主は徐々に距離が近づいていくように工夫します。

一般的な顔合わせの方法

①別々のスペースで暮らす

いくつか部屋がある住居の場合は、いきなりお互いが触れ合わないように新入り猫を先住猫が侵入しない部屋で暮らしてもらうとよいでしょう。匂いや気配から、お互いに「別の猫がいる」ということに慣れていきます。別の部屋での生活を3〜7日ぐらいすごしたら、次に同じ部屋で「新入り猫はケージのなか」というスタイルで暮らします。

また、メインの飼育スペースとなる部屋が一つの場合もケージを利用して、まずは新入り猫にケージのなかで暮らしてもらいます。

②2匹の様子を観察する

　一つの部屋のなかで生活していると、どちらかの猫がもう一方の猫に、あるいはお互いに関心を示すものです。最初は威嚇をするかもしれませんが、その度合いを見極めつつ、2匹の様子を観察します。

③新入り猫をケージから出す

　同じスペースで暮らして3日ぐらいが経過し、2匹がケンカをしなさそうであれば、新入りの猫をケージから出します。2匹の距離が離れていても、ケンカをしなければ問題はなく、そこから同じスペースでの飼育をスタートします。自然と仲よくなっていくこともありますし、スムーズに仲よくなるように飼い主ができる工夫もあります。

➡顔合わせで飼い主ができる工夫は66ページ

MEMO
距離を縮める工夫

　前提として猫の飼育、猫との暮らしは猫を中心に考えます。

　多頭飼育については、うれしいことに猫同士の反りがあわずにケンカばかりをするということはそこまでは多くありません。

　その一方で、猫同士が仲よくなるには長い時間を要することがあり、1年かかることがあるともいわれています。また、飼い主が期待するほどに仲よくはならずに、互いのペースで暮らす例も多くあります。いずれにせよ無理に仲よくさせようとはしないで、猫のペースを守ることが大切です。

NG ケンカを放置しない

　激しいケンカは猫のケガへとつながります。新入り猫をケージから出したあとに、どちらかが怒ったら、すぐに引き離し、新入り猫をケージに戻します。そして、また、しばらく（少なくても1日）はその状態で様子を見ます。猫は気まぐれなので、たとえケンカをしても、反りが合わなかったわけではなく、どちらかの機嫌が悪かった可能性もあります。

POINT
- 猫の顔合わせはいきなりではなく、徐々に距離を近づけていく

28▶できるだけスムーズに仲よくなってほしい

先住猫を優先させたり、
成猫用の高いところを用意するなど、
飼い主ができる工夫もある

顔合わせの工夫

顔合わせの工夫もある

「猫との暮らしは猫が中心」とはいえ、飼い主はできるだけスムーズに仲よくなってほしいものです。

顔合わせについても飼い主ができる工夫があります。もちろん、いずれも猫が嫌がらない、あるいは猫のストレスにならないことが前提です。

◆スムーズな顔合わせの工夫

スムーズな顔合わせのために飼い主ができる工夫の一つは、2匹が同じスペースで暮らす前、別々のスペースで暮らしている段階の工夫です。ここで、タオルなどのお互いの匂いがついたものを交換すると、よりスムーズにお互いの存在に慣れるとされています。

また、一つの部屋でケージを利用して暮らすようになってからは、先住猫が新入り猫に近づかないようであれば、先住猫を抱いて新入り猫を紹介するという方法もあります。

新入り猫をケージから出す際には新入り猫を抱いて先住猫に紹介するという工夫があります。この場合、新入り猫を先住猫に近づけるのではなく、先住猫がやってくるのを待つとよいでしょう。

同居に慣れるまでの工夫

　猫の多頭飼育では、基本的には先住猫を優先します。とくにケージから出して一つの部屋での暮らしをスタートしたばかりのころは、食事を入れた容器を置く順番、おやつを与える順番など、先住猫を優先するように心がけます。

　また、お互いの距離を保てるように逃げ場所を用意するのもよいでしょう。たとえば新入り猫が子猫なら、先住猫のために子猫がのぼれないような高いところを用意します。

トライアル期間での見極め

　保護猫施設の多くは、正式に迎え入れる前に2週間ぐらいの「トライアル期間」を設けています。もしかしたら、なかには、この期間を「保護猫施設が自分（飼い主）がしっかりと飼育ができるかどうかを確認する期間」と思っている方がいるかもしれません。確かにそれは間違いではありませんが、トライアル期間は「先住猫と新入り猫が一緒に幸せに暮らせるか」を見極める期間でもあります。

　猫には個性があり、相性の問題があるので、たとえ2匹の反りが合わなくても、それは飼い主の責任ではありません。ケンカばかりしていないかなど、しっかりと相性を見極めましょう。

MEMO 個人間でもお試し期間を

　個人から新たに猫を迎え入れる場合もできればトライアル期間を設けるのが理想です。あとから「やっぱり飼えない」となるとトラブルに発展することもあるので、正式に迎え入れる前に、「2週間ほど様子を見させてほしい」という旨を了承してもらいましょう。

POINT

- 猫同士がスムーズに打ち解けるために、猫を抱いて紹介するなどの飼い主ができる工夫もある
- 正式に迎え入れる前のトライアル期間で猫同士の相性を見極める

29▶複数を同時に迎え入れてもよい?

費用やスペースの問題はあるものの
複数の子猫を同時に迎え入れるのは
それほど難しくはない

複数同時の迎え入れ

子猫は同じスペースで飼育可能

多頭飼育をはじめる際の状況はいろいろなケースが考えられます。ここでは代表的な例について、適切な方法を紹介します。

まず、同時に複数の新入り猫を迎え入れるケースについては、それが子猫（とくに兄弟）であればケージなどを利用して一匹ずつにわける必要はありません。子猫は縄張り意識もないので仲よく暮らせるでしょう。「成猫を2匹」などの、その他の組み合わせはできれば避けたいところです。新しい環境に慣れてもらうのは1匹でも大変ですし、複数同時となると、そのぶんのスペースや時間などが必要になります。

❀兄弟の多頭飼育

多頭飼育の組み合わせで、もっともスムーズに一緒に暮らせるようになるのが血縁関係のある組み合わせです。

一般的に猫は生後2週間〜9週間ごろに他の猫を含めた自分以外の動物との関係（猫にとっての社会性）を身につけるとされています。その時期に兄弟で過ごしていると咬む力加減などを自然に学ぶことになります。兄弟で遊んでストレスを発散しますし、はじめての猫との暮らしは1匹よりも兄弟猫の2匹からのほうが飼い主の負担が少ないという説もあるほどです。

もちろん、そのぶんの食事代が必要になるなど、十分な検討が必要ですが、兄弟を同時に迎え入れて幸せな暮らしを送るのは必ずしも難しいわけではありません。

「猫の多頭飼育」は複数の猫を同時に飼育することですが、他の先住動物がいるケースの新入り猫の迎え入れ方のポイントも確認しておきましょう。

犬などの室内を自由に移動する動物がいる場合の顔合わせは、基本的には先住猫がいる場合と同じです。できれば別の部屋、それが難しければケージを利用して、一定のスペース内に先住の動物が入ってこないようにして、まずは新入り猫に新しい環境に慣れてもらいます。

なお、先住の動物と新入り猫がケンカをしないで一緒に暮らせるかは、やはり相性の問題が大きく、ケースバイケースです。とくに新入り猫が子猫だと他の動物ともスムーズに仲よくなれる傾向があります。

MEMO
赤ちゃんがいる場合

赤ちゃんや子どもがいる家庭に猫を迎え入れる場合は、猫だけではなく、赤ちゃんや子どもにも十分な配慮が必要です。

赤ちゃんの場合は、思わぬトラブルを防ぐためにも普段は別の部屋で暮らしたほうがよいでしょう。そして、猫と赤ちゃんの触れあいは大人の目の届くところで行います。また、赤ちゃんは興味のあるものをよく口に入れるので、キャットフードや猫砂は赤ちゃんの手が届かないところで管理します。抜け毛についても赤ちゃんが口に運ばないように家全体の掃除もこまめに行うようにしましょう。

子どもについては、子どもは思いがけない行動をすることがあるので、「愛猫が嫌がることをしない」というルールをしっかりと教えます。

NG 仲を過信しない

SNSでは猫がインコなどの小鳥、ウサギなどの小動物と仲よく遊んでいるところの写真や映像がたくさん公開されています。とくに子猫のころから一緒に暮らせば、猫はいろいろな動物と仲よくなれるものです。ただ、猫は狩猟本能が強い動物で、何かのきっかけで攻撃してしまう可能性は否定できません。

どの愛玩動物も大切な命ですから、互いが接することがないように飼育したほうが間違いはありません。

POINT
- 子猫同士は最初から同じスペースで飼育できる
- 新入り猫はケージに入れるなどして先住動物に慣れてもらう

30▶里親を見つけたい…

猫は終生飼育が原則。
やむをえず里親を探す場合は
里親募集サイトなどの方法がある

終生飼育が原則

原則は最期まで

猫の多頭飼育をスタートしたら、原則は最期まで一緒に暮らすことです。少しでも手放さなければいけない可能性がある場合は多頭飼育をスタートすべきではありませんし、繁殖の予定がないなら「愛猫に避妊・去勢手術」が基本です。

ただ、捨て猫を保護した場合など、里親を探さなくてはいけないケースもあるでしょう。その場合は「インターネットの里親情報サイトを利用する」などの方法があります。

【主な里親の探し方】

● **友人・知人**／友人や知人に責任をもって猫を飼育できないか、あるいはそのような人がいないかを尋ねる

● **インターネットの里親募集情報サイト**／インターネットの普及にともない、最近は里親募集サイトを利用するのがもっともポピュラーな方法になりつつある

● **里親募集の張り紙**／張り紙を制作して動物病院などに掲示してもらう

保護猫施設が引き取ってくれることも

もう一つ、各地方自治体の保健所や動物愛護センターに引き取ってもらうという選択肢もありますが、それが可能かどうかは、施設によって異なります。ただ、引き取ってくれたにしても有料ですし（生後91日以上で1匹につき4,000円ぐらい）、何より、殺処分の可能性は否定できません。また、NPO法人などが運営している保護猫施設については、なかには引き取ってくれる施設もありますが、その場合も有料ですし（生後91日以上で1匹につき2,000円ぐらい）、そもそも保護猫施設は無計画に飼育できなくなった猫を引き取るための施設ではありません。

POINT

● やむをえず里親を探す場合はインターネットを利用するなどの方法がある

第3章
みんなが幸せに
暮らすヒント

新たに迎え入れた猫が
先住猫とどのような関係になるかは相性次第です。
猫の個性に合わせるのが多頭飼育の基本で、
飼い主のちょっとした工夫が
みんなの幸せな生活につながることもあります。

31▶新入り猫が元気がない…

ストレスが原因で体調を崩すこともある。それぞれの性格やそのときの感情に合わせた飼育を心がける

猫の個性と飼い方の基本

個性に応じた飼育を

　人間と同じように猫にも個性があり、それぞれで性格が異なります。また、猫には感情があり、何がうれしいか、あるいは何が嫌いかは性格によって違う。

　愛猫と幸せな生活を送るポイントの一つは、その個性を知り、必要に応じて合わせることです。

　たとえば遊び好きの猫なら、飼い主に遊んでもらうのはうれしいものですし、反対に遊ぶのが好きではない猫は飼い主が無理に遊ぼうとするとそれがストレスになってしまうこともあります。

●猫の個性の理解

　猫は言葉を話せないので感情や、その感情のベースとなる性格は飼い主が察することになります。感情がとくによくあらわれるのが行動です。

　わかりやすいのが何かを強く警戒しているときで、そのときには被毛を逆立てて「シャー」と対象を威嚇します。

　また、猫のそのときの感情は尾の動きや鳴き方、あるいは表情にもあらわれます。

　多頭飼育では同じ部屋にいても、みんなが快適な時間をすごせているとは限りません。それぞれの感情を理解できるように、普段からよく観察しましょう。

➡猫の気持ちの理解の詳しい情報は74ページ

猫のストレスと行動

なかには人間とのコミュニケーションを好まない猫もいる

一般的に猫の性格は「生まれついてのもの」と「環境」によって決まるとされています。「環境」については、とくに子猫のころの生育環境が重要で、68ページで触れたように生後2〜9週間ごろに他の猫を含めた自分以外の動物との関係(猫にとっての社会性)を身につけるとされています。

ですので、子猫のころに人間に虐げられた経験がある成猫はあまり人間を好まない性格をしていて、人間との過度なコミュニケーションがストレスになることもあります。

代表的なストレスによる行動

猫はストレスを抱えていると、わざとトイレ以外の場所で排泄することがあります。そのような行動が見られた場合は、ストレスの要因を考え、すみやかに要因を取り除きましょう。

【主なストレスのシグナル】

● 食欲がない／ストレスを感じると元気がなくなる猫が多いもの。とくに顕著なのが食欲の減退で、食べる量がそれまでよりも減ったら、ストレスを感じている可能性がある

● 異所での排泄／猫はストレスを感じるとトイレ以外の場所での排泄をすることがある。ただ、この問題はスプレー行為(23ページ)や「トイレが使いにくい」といったことも原因となるので、いろいろな面の見直しが必要

● 他者への攻撃／「飼い主に噛みつく」「同居猫に本気のケンカをしかける」などの攻撃的な行動もストレスが原因のことがある。猫の飼育の世界では「転嫁行動」という言葉があり、これはイライラした気持ちを無関係な人や物にぶつける(転嫁する)行動のことである。転嫁行動はストレスを抱えた猫が行うもので、攻撃された猫もまたストレスを抱えることになってしまう

性格と環境

性格は子猫のころの影響が大きいとはいえ、現在の環境によっても変化します。ただ、すぐには変わらないので、長い目で見ることが必要です。

POINT

● 猫には個性があるので、それに合わせる

● 食欲がなくなるなど、猫はストレスを感じると、それが行動にあらわれる

32▶尾の動きで気持ちがわかる?

猫は感情が仕草や表情にあらわれる。尾をピンと垂直に立てるのは甘えたい気持ちを表現している

仕草や表情と感情

感情は仕草にあらわれる

猫のそのときの感情を理解することは、同じ屋根の下で暮らしているみんなが幸せに暮らすことに役立ちます。

猫の個々の感情は仕草や表情で知ることができるといわれています。尾の動きもその一つで、普段の穏やかなときは下にダラリと下がっています。

【尾の動きと感情】

●尾を大きく動かす

尾を大きくバタバタと動かすのはストレスが溜まっていたり、イライラして怒っているときと考えられている。抱き上げたときに尾をバタバタしていたら抱っこが嫌な可能性がある

●垂直に立てる

尾をピンと垂直に立てて、すり寄ってくるのは、「うれしい」「飼い主に甘えたい」といった感情があるときとされている。食事がほしいときにもこのような仕草をすることがある

尾の先端だけを動かすのは目の前に何か気になるものがあるときとされている

🐾鳴き声と感情

鳴き声も愛猫の感情を知るヒントになります。「ニャッ」という短い鳴き声は飼い主や同居猫への挨拶とされています。意識したいのは「ギャッ」という大きな悲鳴のような鳴き声で、これは尾を踏まれるなど瞬間的に痛みを感じたときなどに発します。

MEMO

個体差がある

ここで紹介しているのはあくまでも一般的な例です。猫によって表現が違うこともあるので、やはり普段から愛猫をよく観察することが大切です。

🐾姿勢と感情

　姿勢と感情については、とくによくわかるのが攻撃態勢に入っているときで、そのようなときには腰を高く上げた状態で前肢に力を入れ、いつでも飛びかかることができるような姿勢をとります。

　一方、怖がっているときには体を縮めてうずくまるような姿勢になります。

🐾表情と感情

　人間と同様に猫も感情が顔に出ます。たとえば耳について、猫は耳を自分の意志で動かすことができ、基本的には集中して聞きたい方向に向けます。そして、耳と感情の関係では、何かに興味を示しているときは耳をピンと立てるとされています。

　また、威嚇の際には口を開いて、いかにも攻撃的な表情となります。内心はおびえていることもあるので、愛猫がこのような表情にならないように心がけましょう。

🐾寝相と感情

　「ヘソ天」は猫のかわいい姿勢の代表格です。ヘソ天とは仰向けになり、ヘソを天井に向ける姿勢のことで、猫はその姿勢で寝ることもあります。

　猫のように四足歩行の動物はお腹が弱点で、ヘソ天は弱点をさらしていることになります。つまり、「ヘソ天で寝る」ということは飼い主を含めて、その環境が安全であると信頼している証と考えられます。

- 猫は感情が仕草や表情にあらわれる
- 愛猫の感情を知るために普段からよく仕草や表情を観察する

33 ▶ 猫同士の仲よし度の目安は？

体を寄せあって寝たり、
お互いを舐めあうようであれば
相手を信頼していることになる

猫同士の距離と仲よし度

くっついて寝るのは
仲良しの証

　猫同士の距離は、そのまま仲のよさを示す間隔でもあります。多頭飼育をスタートして、猫同士が一緒に寝るようになったら、2匹の関係はもう大丈夫です。寝ているときは無防備になるので、近くで寝るということは、相手を信頼しているということになります。また、19ページで触れたように猫が他の猫の体を舐めるのも仲のよい証拠です。

猫が一緒に寝る理由

　寝ていないときでも、とくに子猫の兄弟は体を寄せ合っていることが多くあります。これは他の猫とくっついていると安心感を得られるからと考えられています。

　また、猫同士がくっつくのは寒さ対策もあるようで、猫が飼い主と一緒に寝る理由の一つに、「温かいから」が挙げられます。

猫の世界の上下関係

人間は集団で行動する生き物で、社会を形成し、上下関係があるものです。猫の世界もそのように考えがちで、「ボス猫」という言葉もあります。

確かに多頭飼育では食事を与える順番は先住猫を優先したほうがよいなど、猫の上下関係をまったく意識しなくてよいというわけではありません。

ただ、猫の世界の上下関係はとても曖昧で、はっきりしていないというのが通説です。家族で飼育している場合、ママと娘で愛猫の態度が違うとしたら、それは上下関係を意識しているのではなく、「その人のことを好きか嫌いか」を基準としているようです。

じゃれあいとケンカの見極め

多頭飼育で難しいものの一つに「じゃれあいとケンカの見極め」があります。猫が本気で他の猫を攻撃すると、攻撃された猫がケガをしてしまうことがあるので注意が必要です。まず知っておきたいのは、室内飼育の場合は本気のケンカをすることは稀ということです。その理由の一つは、野良猫は食事をめぐる縄張り争いがありますが、室内飼育では「食事がない」という心配がないからです。また、避妊・去勢手術をしているなら、異性の取りあいで本気になることも多くはありません。

一見、本気のケンカのように見えても、じゃれあいの範囲内であることは少なくありません。猫はそれでストレスを発散しているので、もめごとの気配を感じたら、必ずすぐに仲裁に入らなければいけないというわけではありません。

❤本気のケンカ

状況にもよりますが、一般的に猫のじゃれあいではツメを出した前肢で相手の顔へ攻撃することはないとされています。つまり、そのような攻撃をしたら、仲裁が必要な本気のケンカということです。

➡ケンカのとめ方の詳しい情報は82ページ

【本気のケンカの特徴】

● 攻撃方法／ツメを出した前肢で相手の顔を攻撃する。また、甘噛みではなく、相手が悲鳴を上げるほどの強さで噛みつくのも本気のケンカである

● うなり声／「シャー」という威嚇をしたり、普段は聞かないようなうなり声を出すことはじゃれあいではないとされている

● 執拗な攻撃姿勢／基本的にじゃれあいはどちらかの猫が逃げ出したら、そこで終わる。逃げている猫を執拗に追いかけまわしていたら仲裁が必要

ＰＯＩＮＴ

● 一緒に寝るなど猫同士の距離が近くなるのは仲がよくなった証である
● 爪を出して相手の顔を攻撃するような本気のケンカは仲裁が必要

34▶一緒に遊んでくれない…

遊びは猫が遊びたいときに。猫とのコミュニケーションは猫の気分を見極めて行う

一緒に遊ぶ

好みの方法で遊ぶ

「抱っこする」「撫でる」など愛猫とのコミュニケーションにはいろいろなものがあります。一緒に遊ぶのも、その一つです。多頭飼育のメリットの一つに、「猫同士で一緒に遊んで自分たちでストレスを発散する」がありますが、ときには飼い主も一緒に遊ぶと愛猫は喜びます。一般的に猫は持久力が高いほうではなく、集中力もそれほど続かないので一度の遊びは15分を目安にするとよいでしょう。

【猫との遊びのポイント】
- ●飽きに要注意／1回の遊びの目安は長くても15分ぐらいがよい
- ●気分の見極め／遊びは強制することなく、猫が遊びたい気分のときに一緒に遊ぶ
- ●好みの判断／おもちゃのタイプを含めて猫は遊び方に好みがある。いろいろと試して愛猫が好きな方法を選ぶ

猫を抱っこする

猫の抱っこについては、動物病院に連れていくときなどに必要なこともあり、できれば普段から慣れさせておいたほうがよいでしょう。

抱っこの方法は、愛猫がすり抜けないように自分の体と愛猫を密着させて、両腕を使って安定するように抱えるのが基本です。あとは愛猫が安心して身を任せられるように、状況に応じて腕の位置などを調整します。抱っこを嫌がるようであれば、無理をしないで、少しずつ抱っこに慣れさせてあげましょう。できれば子猫のころから抱っこしてあげると抱っこを嫌がらない猫に育ちます。

猫を撫でる

猫には撫でられたいとき（あるいは撫でられてもよいとき）と撫でられたくないときがあります。

一般的にリラックスして横になっているときは撫でてコミュニケーションをとるチャンスです。

反対にご飯を食べているときや遊んでいるときは撫でないほうがよいでしょう。

なお、猫はアゴなどが撫でられると気持ちがよい部位とされています。

【撫でられると気持ちがよい部位】
- 顔周辺／アゴや頭など、顔の周辺は撫でられると気持ちがよい部位とされている
- 背中／背中は前肢の肩からお尻のほうに毛並みに沿うように撫でるのが基本
- 尾の付け根／背中側の尾の付け根付近をトントンと軽く叩くと喜ぶ猫もいる

猫に話しかける

猫に話しかけるのもコミュニケーションの一つです。個体差が大きいものの、なかには名前を呼ばれると返事をする猫や寄ってくる猫もいます。大きな声だと驚いてしまうので、穏やかな明るい声で話しかけましょう。

NG 叱るのは意味がない

猫は本能に基づいた行動をすることもあり、飼い主にとって困る行動でも悪いことをしているつもりはありません。また、飼い主に叱られても自分の行動と叱られたことを結びつけて考えません。つまり、叱っても意味がないということです。

愛猫を叩くのはもちろん、叩く素振りをするのもNGで、そのようなことをすると猫は飼い主のことを信用しなくなります。

たとえば猫が食べてしまいそうなものは放置しないなど、猫のしつけは困る行動のもとになる要素を取り除くのが基本です。

POINT
- 猫とのコミュニケーションは猫の気分を見極めて行う
- 飼い主にとって困る行動は、その要素をあらかじめ取り除くことで対応する

35▶うちの子があまり水を飲まなくて…

市販の循環式給水器を使うと
水をよく飲むようになることもある。
必要に応じてアイテムを利用する

健康面に役立つアイテム

簡単に抜け毛を
取り除ける

愛猫家の増加や技術の発達などにより、あると便利な飼育用アイテムが増えています。ここでは、とくに多頭飼育に役立つものを紹介します。

まず、最近、とくに愛猫家のあいだで人気となっているのが独特な形状をしたステンレス製のブラシです。こちらは猫の身体に軽く当てて撫でるだけで多くの抜け毛を取り除くことができます。部屋に抜け毛が落ちている状態を避けることは、毛球症対策に役立つとされています。

MEMO

毛球症とは

毛球症とは猫が毛づくろいをしたときなどに少しずつ飲み込んだ毛が胃や腸などの消化器官内で毛玉になり、さまざまな症状を起こす病気のことです。

🐾ツメとぎ兼ベッド

多頭飼育ではじゃれあっているときに他の猫を傷つけないように、ツメが長く伸びているのは避けたほうがよいとされています。

飼い主が定期的にツメを切るだけではなく、ツメとぎはしっかりとセットしましょう。猫のベッドとしても使えるツメとぎは実用性が高く、見た目にもお洒落です。

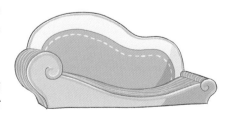

❀循環式給水器

　「循環式給水機」とは内部にモーターポンプが搭載されていて、そのポンプを使って水をグルグルと循環させる給水器のことです。人間と同様に猫も健康を維持するには適切な水分補給が必要ですが、なかにはあまり水を飲まない猫もいます。猫は静水よりも流水を好む傾向があるため、循環式給水器は猫が自分でしっかりと水を飲むのに役立つと考えられています。

❀アイデアを活かしたアイテム

　猫がなかに入って走ることができる、ハムスター用の回し車を大きくしたような形状の「キャットホイール」や猫用のもぐら叩きなど、最近はアイデアを活かしたアイテム（おもちゃ）の種類も充実しています。猫によって好みはありますが、お気に入りのものを見つけられれば、愛猫は楽しく運動不足の解消やストレスの発散ができます。

猫の多頭飼育に活用できるアイテム

　アイデアで猫の多頭飼育に役立てられるアイテムもあります。ペットシーツはその一つで、何かと重宝します。

　たとえば一般的に猫のトイレには猫砂を利用しますが、その周囲にペットシーツを敷いておけば周囲が汚れるのを防ぐことができます。

❀食品保存用クリップ

　開封したドライフードはできるだけ空気に触れないように食品保存用のクリップで切り口を留めるとよいでしょう。クリップは百円均一ショップで売っていますし、キャットフードのパッケージ用の長い切り口に対応したものも市販されています。

POINT

- ●最近はいろいろなタイプの猫用のアイテムが売られていて健康維持に役立つものもあるので必要に応じて利用するとよい
- ●ペットシーツなど、アイデア次第で何かと役立つアイテムもある

36▶ケンカにはどう対応する？

室内飼育の猫は本気のケンカではなく、じゃれあいであることが多い。仲裁する前にしっかりと見極めを

猫同士のケンカ

まずは状況の見極めを

多頭飼育ならではのトラブルの一つに猫同士のケンカがあります。このトラブルについて知っておきたい情報として、まずとくに室内で飼育している猫同士は本気のケンカではなくて、じゃれあいであることが多いということです。また、子猫や子猫に対して成猫が本気でケンカをすることはまずありません。

じゃれあいは猫のストレス発散になりますし、一見、ケンカをしているようでもじゃれあっているのであれば飼い主が仲裁する必要はありません。

また、無理に仲裁しようとすると、興奮している愛猫に攻撃されて飼い主がケガをすることもあります。自分のケガにも注意が必要ですし、やはりケンカかじゃれあいかの見極めが大切です。

➡ケンカの見極めの詳しい情報は77ページ

ケンカの予防

野良猫のケンカは、食事を巡って発生することが多いとされています。ですので、特別な理由がある場合は別として、愛猫が極度にお腹が空いた状態にならないようにすることはケンカの予防に役立つと考えられます。また、攻撃性が減退することになる避妊・去勢手術もケンカを未然に防ぐことにつながります。

MEMO 猫の世界のいじめ

猫は単独行動を好む傾向があり、猫の社会では集団で1匹の猫を攻撃するようないじめは起こりません。

もし、そのようなことになってしまったら特別な理由があるはずです。地域の動物愛護センターなどに相談しましょう。

ケンカをとめる方法

猫同士のケンカのとめ方はお互いの気を別のものへとそらすのが基本です。たとえば「手を叩いて大きな音を出す」などがあります。

NGは引き離そうと手を出すことで、気持ちが高ぶっている猫に攻撃されて、自分がケガをしてしまう可能性があります。

【猫同士のケンカのとめ方】
- **音で気を引く**／急に大きな声を出したり、手を叩くなど音で気を引く
- **霧吹きを使う**／霧吹きを使って猫に水をかける
- **タオルを投げる**／タオルなど当たってもケガをしないものを猫に投げる

ケンカでケガをしたら

ケンカが終わり、愛猫たちが落ち着いたら、まずどこかにケガをしていないか、よく観察します。切り傷などの外見で判断できるものはもちろん、「どこかを気にして、しきりに舐めていないか」「歩き方はいつもと同じか」など行動もチェックしましょう。

愛猫がケガをしていたら

様子を観察して、異常があるようならすみやかに動物病院に連れていきます。

ケガに対して飼い主ができることは多くありません。たとえば切り傷に対して誤った消毒をすると反対に傷の治りが遅くなってしまうことがあります。

なお、猫同士のケンカが起きてしまったら、しっかりと原因を考え、再発することがないように予防策を講じることが大切です。

MEMO
飼い主も病院へ

ケンカの仲裁で愛猫に攻撃されて飼い主がケガをした場合も、飼い主が病院にいったほうがよいケースがあります。

注意したいのはしばらくしてから（ケガをしてから3〜10日後に）、傷の周辺やリンパ節が腫れるケースです。そのような症状が見られたら「猫ひっかき病」の可能性があります。「猫ひっかき病」は細菌による感染症です。

POINT
- 室内飼育の猫はじゃれあいのことが多いので、しっかりと状況を見極める
- ケンカをとめるには手を叩くなど、猫の気を別のものへとそらすのが基本

37 食事の横取りを防ぐには？

叱るのではなく、
食事を与える前に名前を呼ぶなど、
横取りをしないように工夫することが重要

🐾 横取り予防の基本

食事を見守る

まず多頭飼育の場合の食事の与え方の考えとして、食事はまとめてではなく、できれば、その猫用にお皿をわけて用意するのが理想です。そうすると、それぞれに応じた適切な量や内容の食事を与えることができます。

多頭飼育ならではの食事のトラブルについては、猫が他の猫の分の食事を食べてしまうのがよくあるケースで、この問題に頭を抱えている飼い主は少なくありません。

食事の横取りを防ぐために飼い主ができることは、まず愛猫たちの食事の様子を普段から観察することです。観察をしていないと、ある愛猫が他の猫のぶんまで食べてしまっていても気がつかないことがあります。

❎ NG 健康上のトラブルがある猫の横取りは放置しない

私たち人間と同様に猫にとっても食事は健康に暮らすための大切な要素です。愛猫の健康状態によっては、飼い主には横取りを放置しないで、しっかりと防ぐことが求められます。横取りはするほう、されたほうのどちらにもよくありませんが、とくに問題となることが多いのが横取りをするほうの猫です。横取りをすると必要以上にカロリーを摂取してしまい、それが肥満につながることがあります。そして肥満は関節炎や心臓をはじめとする内蔵の機能障害の原因になります。

もう一つ、横取りがよくない理由があり、それは食事の内容が違う場合、適していないものを食べてしまうことになるからです。例えば何かの療法食を食べる必要がある場合、そうでないフードも食べてしまうと療法食の十分な効果を得られない可能性があります。

与え方の工夫

　79ページで触れたように猫を叱るのは意味がないことといわれています。食事の横取りについては、そのようなことがないように飼い主が工夫することが求められます。

　その一つは、食事を与える際に「むぎちゃん、ご飯よ〜♪」というように対象となる愛猫の名前を呼ぶことです。こうすることによって、猫はその食事が自分のものであること、別の容器の食事は自分のものではないことを認識し、それが横取りをしないことに役立ちます。

　また、食事を与える順番は、先住猫を優先したほうがよく、そうしないと先住猫の機嫌を損ね、それが横取りにつながることがあります。

❀容器を離す

　食事の容器を離すのも飼い主ができる工夫の一つです。距離を離すのはもちろんのこと、なかには別の部屋で食事を与えるベテラン飼い主もいます。食事をケージ内で与えるのもよいでしょう。

　また、食事の容器の間に何かの仕切りを立てると横取りをしなくなることもあります。

❀食べ残しを放置しない

　欲張りな猫がいて、食事をしっかりと管理したい場合は、食べ残したものをそのままにしておくと欲張りな猫が食べてしまうことがあります。食べるペースは猫によって違いますが、欲張りな猫の横取りを防ぎたい場合は30分を目安に食べ残しを片付けるようにしましょう。

POINT

- とくに健康上のトラブルがある場合は食事の横取りに気をつける
- 横取りは与え方の工夫で防ぐ

 横取りする理由

　自分の食事を食べ切ってからはもちろん、なかには自分の食事が残っていても他の猫のぶんを横取りする猫もいます。その理由は正確にはわかっていませんが、一般的には「隣の芝生は青く見える」という言葉は猫にもあてはまり、同じものでも隣の食事のほうが美味しく見えるからと考えられています。

NG 飼い主は無理をしない

　愛猫のために理想的な環境を整えたいところですが、必要以上に理想を追求すると、現実とのギャップが飼い主のストレスになってしまうこともあります。猫の食事については、キャットフードのパッケージに表記された量を1日2〜3回にわけるのがよいとされていますが、飼育しているすべての猫に同じ食事を与えてもよい状況で、欲張りな猫がいない場合は、フードを容器に入れたままの、いわゆる「置きエサ」で管理しても問題になることはほとんどありません。飼い主には「できることをする」という発想も大切です。

38▶お気に入りの場所はみんな同じ？

猫が好きな場所には傾向がある。
場所の取りあいにならないように
好きな場所をできるだけ多く用意する

猫のお気に入りの場所

猫にはお気に入りの
場所がある

猫にはそれぞれのお気に入りの場所があり、そこでくつろぎます。わかりやすいのがベッド（寝床）です。多くの猫はベッドが決まっていて、毎晩、同じところで寝ます。ただ、季節や気分に応じて寝床を変えていくのもよくあるケースです。

多頭飼育をすると、一つの場所を複数の猫が気に入り、その取りあいが猫のちょっとしたストレスになることがあります。

場所をめぐる行動

お気に入りの場所でくつろごうとした猫が、すでにそこに他の猫がいた場合の行動は、その猫の性格や状況によって異なります。

一般的には、それが原因で本気のケンカになることはないとされています。よくあるのは、少し落ち着かない様子でお気に入りの場所の近くをウロウロとすることです。

他には「廊下などのあまり寝るにはふさわしくないところで寝る」「すでにお気に入りの場所にいる猫をペロペロと舐める」というケースもあります。

MEMO
室内飼育の縄張り

室内飼育の猫にも縄張りの意識はあります。とはいえ、野良猫ほど強くはなく、「リビングは自分の縄張りだから、他の猫がリビングに入ってきたら攻撃する」ということは基本的にはありません。ただ、ベッドやご飯を食べる場所など、より狭い自分のエリアに入ってきたときには威嚇をすることはあります。

なお、「体をこすりつける」「柱でツメをとぐ」「スプレー行為（尿をかける）」などは自分の縄張りを示す行動とされています。

多頭飼育における猫同士のトラブルは飼い主が事前にその原因を取り除くのが基本です。お気に入りの場所については、取りあいにならないように複数の候補の場所を用意します。

猫は高いところが好きですし、落ち着けるように暗くて静かなところを好む傾向があります。

【猫が好きな場所】

- **快適な温度のところ**／夏は涼しく、冬は暖かいところが好きで、猫はそのようなところを見つけるのが得意
- **高いところ**／全体を見渡すことができ、安心するといわれている。また、木登りが好きな習性も関係があるとされている
- **暗くて静かな所**／暗くて静かなところは落ち着いて寝られる
- **狭いところ**／袋や箱のなかなどの狭いところが好きな猫は多い。身の安全を確保できるからと考えられている

❀ ベッドの好み

猫は気まぐれな面があり、それが魅力でもあります。

たとえばベッドについては、お気に入りのベッドがあり、それを別の猫も気に入ったからと同じベッドを用意して隣に設置しても、その新しいベッドを気に入るとは限りません。思いがけないものを気に入ることもあるので、いろいろなものを試してみるのもよいでしょう。

MEMO

降りられないことも

猫は高いところが好きで、いろいろなところに登りますが、自分で降りられなくなることもあります。そのような場合は飼い主が降りるのを手伝ってあげましょう。

第3章 みんなが幸せに暮らすヒント【多頭飼育のトラブル対策（飼育スペースの管理）】

POINT

●暗くて静かなところなど、猫が好む場所はできるだけ多く用意する

頻繁に本気のケンカをするようなら、ケージを利用するなど、生活スペースをわけるのが基本

飼い主の考え方

人間と猫の社会は違う

猫の多頭飼育で、猫同士の折りあいがどうしてもつかない場合はどうすればよいのでしょうか。

まず最初に考えたいのは、猫は単独行動を好む傾向があり、飼い主が思う「猫の多頭飼育の幸せな生活」のイメージを見直したほうがよい可能性があるということです。

過度な期待をせず、誤った認識をもたないように気をつけましょう。

🐾猫にとっての幸せな生活

たとえば子猫の兄弟は一緒に遊んで、一つにかたまって寝るのが一般的で、なかにはそのような状態を「猫の多頭飼育の幸せな生活」と思っている飼い主もいるかもしれません。でも、それは「兄弟」「子猫」という条件があるからで、成長して成猫になると、兄弟でもそれぞれ自分のペースで生きていくようになります。

ケガをするような本気のケンカをすることなく、それぞれの愛猫が健康で、ストレスを抱えていないようであれば、それはもう「猫の多頭飼育の幸せな生活」といってよいものです。

MEMO 猫の反抗期

一般的に子猫は無邪気で、飼い主ともよく遊びます。それが成長とともにあまり遊ばなくなるのもよくあるケースです。なお、猫の成長は早く、生後6週～2カ月ぐらいから徐々に自立していくといわれていますが、その変化が飼い主の目には反抗期として写ることもあるようです。

折りあいがつかない場合の対策

頻繁に本気のケンカをするなど、猫同士がどうしても同じスペースで一緒に暮らしていけない場合の対策の一つは、それぞれの生活スペースを完全にわけることです。

たとえば1階と2階でわけ、それぞれが行き来できないように脱走防止用の柵などで区切ります。この場合は、もちろん、それぞれにベッドやトイレなどを準備します。

脱走防止用の柵を使って
上手に区切る

🐾ケージでわける

住宅環境の問題などで、それぞれの愛猫のための生活スペースを用意できない場合はケージを上手に活用するとよいでしょう。

どの猫とも平等に接するのが多頭飼育の基本なので、できれば頭数分のケージを用意して、1匹をケージから出しているときは、別の猫はケージのなかにいるように管理します。「寝るのはそれぞれのケージのなか」ということになりますが、できれば、そのときにはお互いの姿が見えないように設置するのがよいでしょう。

🐾相談する

誰かに相談するのも選択肢の一つです。猫には個性があるので、相談をする相手は以前の飼い主やかかりつけの獣医師など、それぞれの愛猫のことをよく知っている人がよいでしょう。相談すると飼い主は気がつかなかった原因や方法が見つかるかもしれません。

POINT

● 猫同士の反りが合わなかったら、「フロアをわける」「ケージを利用する」など、互いに触れあわないように環境を整える

第3章 みんなが幸せに暮らすヒント【多頭飼育のトラブル対策（折りあいがつかない）】

40▶飼い主の取りあいはどうする?

先住猫を優先することを意識しつつ、飼育している猫にはすべてに対して平等に接する

何かをしてほしいときの行動

飼い主に何かをしてほしいときもある

猫は「嫉妬深い動物」と表現されることがあります。実際、飼い主から見るとヤキモチを焼いているように受け取れる行動をする猫はいます。

嫉妬などを含め、飼い主に対して何かをしてほしいことを示すサインには「飼い主に向かって鳴く」などがあります。

【猫が何かをしてほしいとき】

●すがりつく

抱っこをしてほしいときに飼い主にすがりつくことがある。猫の気持ちがわかりやすい行動の一つ

●わざといたずらをする

粗相をしたり、物を落としたり、飼い主の気を引くようにわざといたずらをすることもある

●飼い主に向かって鳴く

飼い主のほうに向かって鳴くのは、飼い主に何かをしてほしいことがあるサインである

●甘噛みをする

猫によってはかまってほしい気持ちの表現として、近寄ってきて手などを甘噛みすることがある

●新聞やパソコンに乗ってくる

飼い主が新聞を読んでいるときに新聞に乗ってくるのは飼い主にかまってほしいサインと考えられています。パソコンの作業中にパソコンに乗ってくるのも同じ理由とされていますが、こちらはもう一つ、「パソコンの上は暖かいから」という理由もあるようです。

飼い主の取りあい

　本気のケンカに発展することは少ないものの、猫の多頭飼育をしている飼い主の苦労することの一つに「飼い主の取りあい」が挙げられます。

　なかには飼い主が抱っこしている猫に向けて、他の猫が体当たりをすることもあります。

同じように接する

　飼い主の取りあいへの対策としては、平等に接することが挙げられます。抱っこが好きな猫が複数いる場合は、「今回は抱っこをしない猫」がいないように順番に抱っこをします。このとき、先住猫を優先するとよいとされています。

可能であれば2匹を同時に抱っこするのもよい

おもちゃを離さない

　いつもはおもちゃと上手に遊んでいる猫が、あるとき、何かのスイッチが入ったかのようにおもちゃをくわえて離さず、ときにはうなりはじめることもあります。

　これはまさに猫のなかの野生モードのスイッチが入ってしまったためと考えられています。加えて独占欲も関係しているようです。

他のおもちゃで気をそらす

　猫は集中力が続かないので、基本的には、やがては落ち着いて、自分からおもちゃを離します。ただ、誤飲の可能性があるものをくわえて離さないときは注意が必要です。飲み込んでしまわないか、しっかりと猫の様子を観察して、もし飲み込んでしまったら、すみやかに動物病院に連れていきます。誤飲を防ぐには他のおもちゃ使って気をそらし、もとのおもちゃを取り上げるなどの方法があります。

MEMO

虫を狩ってきたら

　猫といえばネズミを駆除することが広く知られていますが、他にもカマキリやセミなどの大型の昆虫を捕まえることがあります。猫はそのようなものを食べて大丈夫かというと、まず知っておきたいのは狩りをしても食べないことが多いということです。また、食べたにしても毒はないので、すぐに問題になることは多くありません。ただし、自然環境下に暮らす小動物や昆虫は寄生虫や菌を保持していることがあるので、その面の注意は必要です。

POINT

● 「何かを求めていないか」など愛猫の様子はできるだけ気にかける

41▶「ふみふみ」の意味は？

猫のユニークな行動には意味がある。クッションを前肢で交互に踏む仕草は子猫のころの名残りと考えられている

ユニークな行動の意味

「ふみふみ」は
子猫のころの名残り

猫の多頭飼育をすると、愛猫がちょっとユニークな行動をしているところを目にします。

たとえばクッションや布団を前足で交互に踏む仕草は、「ふみふみ」という愛称で親しまれている、よくする行動の一つです。

この「ふみふみ」は「子猫が母乳を飲むときに母乳が出やすくなるように母猫のおっぱいを前肢で押す行為の名残り」と考えられています。

何もないところの凝視は？

猫は何もないところをじっと凝視することがあり、その様子は「霊が見えている」と表現されることがあります。

この行動の理由は明らかにはなっていませんが、いくつかの説があります。

有力なのは、人間よりも優れた聴覚や嗅覚を活かすことに集中していて、音や匂いがする方向を向いているという説です。また、何かの考えごとをしているという説もあります。

MEMO

香箱座り

「香箱座り」は猫のかわいい仕草（姿勢）の一つです。「香箱」は文字どおり、お香を入れる箱のことで、かたちは直方体です。そして猫の香箱座りとは両前肢を折りたたんで体の下に入れる座り方で、そのフォルムが香箱に似ていることからそう呼ばれています。このポーズをとると急に立つことができないので、香箱座りは猫がリラックスしているときによく見られるようです。また、この座り方で冷えた前肢を温めているという説もあります。

POINT

●「ふみふみ」などの猫のユニークな行動は、それぞれの意味がある

第4章

多頭飼育の
健康管理

かわいい愛猫たちには健康でいてほしいものです。
そのためには早期発見・早期治療が重要で、
飼い主にはおかしなところがあったら
すぐに見つけることが求められます。
それには病気の基礎知識も役立ちます。

42 ▶ 猫も風邪をひく？

猫にも症状がくしゃみや鼻水の猫風邪と呼ばれる病気がある。普段から健康状態の観察を

🐾 猫の健康

幸せの
ベースは健康

私たち人間と同じように猫も病気と無縁ではありません。かわいい猫たちとの幸せな暮らしのベースは健康です。やはり早期発見・早期治療が健康を維持するポイントなので、普段から愛猫たちに変化はないか、よく観察しましょう。

猫の病気にはいろいろな種類があり、なかには一生、付きあっていくものもあります。ただ、それは別の見方をすると、上手に付きあえば天寿をまっとうできるということでもあります。その意味でも、飼い主には病気の正しい知識が求められます。

🐾 猫の風邪

猫も体調を崩して、くしゃみや鼻水といった人間の風邪と同じような症状が見られることがあります。それは「猫風邪」と呼ばれ、ときには鼻がつまって食欲が落ちたり、症状が重いと肺炎につながることもあります。猫風邪の原因は基本的にはウイルスです。定期的に接種することがすすめられているワクチンには猫風邪に対応するものも含まれているので、ワクチン接種が予防に有効ということになります。なお、ウイルスを原因とする猫の風邪が人間にうつることはなく、同様に人間の風邪が猫にうつることもありません。

➡ワクチンの詳しい情報は58ページ

MEMO 新型コロナと猫

新型コロナウイルスと猫との関係については、厚生労働省が、人間から猫、犬が感染したと考えられる事例が数例報告されていることを公表しています。一方、新型コロナウイルスがペットから人に感染した事例は報告されていません。ただし、猫は新型コロナウイルスの感受性が他の動物よりも高いとの報告があるそうです（2023年1月現在の情報です）。

よく見られる病気

　猫の病気の原因には、風邪のようなウイルスの他に遺伝によるものなどがあります。また、ストレスが遠因になることもあると考えられています。

　よく見られる病気には尿路結石症や膀胱炎、慢性腎臓病などが挙げられます。なお膀胱炎と慢性腎臓病は併発することも多く、膀胱炎あるいは慢性腎臓病になる猫は全体の22％にも及ぶというデータがあります。

➡主な病気と対策の詳しい情報は106ページ

主な病気の原因

　猫の病気の主な原因を考えると、病気にならないように飼い主ができることは少なくありません。

【主な病気の原因と飼い主の注意点】

●ウイルス／

　「猫ウイルス性鼻気管炎」「猫白血病ウイルス感染症」「猫免疫不全ウイルス感染症」など、ウイルスを原因とする病気は多い。

　飼い主ができることとしては、「他の猫（野良猫）との接触を避ける」などが挙げられる

●ストレス／

　「ストレスは万病のもと」であるのは猫も人間も変わらない。症状としてわかりやすいのは「元気がない」「食欲がない」などである。そこから「胃腸炎」などの診断がつくものになることも多い。

　飼い主は愛猫のための遊ぶスペースを確保するなど、愛猫がストレスを抱えないように環境を整えることをしっかりと心がける

●遺伝性／

　「多発性嚢胞腎症」「肥大型心筋症」などが遺伝性の病気として知られている。純血種の場合は、猫種によってなりやすい病気がある

●生活習慣／

　運動不足や不健康な食生活も病気につながる。考え方としては猫にも生活習慣病があるといってよい。とくに肥満には注意が必要

POINT

●猫の病気にはいろいろなものがあるので、飼い主はしっかりと環境を整え、普段から愛猫の様子をよく観察する

第4章　多頭飼育の健康管理【猫の健康上のトラブルの基本】

43 ツメは切ったほうがよい?

いろいろな考え方があるが、とくに多頭飼育ではツメ切りは必要である

顔のお手入れ

健康状態を確認しながらお手入れを

猫は自分で顔の手入れをしますが、目やにや顔の汚れが気になったら拭き取ってあげましょう。このような手入れは涙やけ(目の周りが涙の成分で茶褐色になること)の予防にも役立ちます。

方法は清潔なコットンなどを使い、とくに目を傷つけないように気をつけながら、優しく拭き取ります。

飼い主が行う愛猫への日常のお手入れには健康チェックの意味あいも含まれているので、ここでも「目などにいつもと違ったとことはないか」を確認しながら行いましょう。

🐾 鼻と耳とあご

愛猫の鼻に、すぐポロッと取れそうな茶色の鼻くそがついている場合は、清潔なコットンか指で取り除きます。

また、耳については、もともと猫の耳は異常がなければ、耳あかはそれほどつかないとされています。ですので、臭いや耳の赤みがなければ、無理にお手入れをしなくても大丈夫です。見える範囲の耳あかが気になる場合は清潔なウエットティッシュで拭き取ります。

もう一つ、あごは猫が自分でグルーミングをしにくい部位です。汚れていたら水に濡らした清潔なコットンできれいにしましょう。

NG 綿棒は使わない

基本的に猫の顔の手入れでは綿棒は使わない方がよいでしょう。目の周りだと目に刺さってしまう可能性がありますし、耳は綿棒を使うほど奥まで手入れする必要はありません。

MEMO 猫の歯磨き

飼い主が猫の歯磨きをしたほうがよいかは諸説あるものの、基本的にはしたほうがよいとされています。そのためのアイテムも市販されています。

ツメのお手入れ

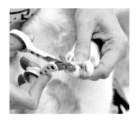

とくに多頭飼育では猫同士がじゃれあうときに、自分のツメで相手を傷つけてしまうことが少なくありません。それに伸びたツメでカーテンに飛びつくと、ツメが剥がれて出血の原因にもなります。

多頭飼育では日常的にツメの伸び具合を確認し、必要に応じてツメ切りをします。

【猫のツメ切り】
- **必要なもの**／「猫用のツメ切り」を使う
- **方法**／猫を優しく固定する。肉球を軽く押してツメを出して先端付近を切る
- **ペース**／ツメの伸びるペースには個体差があり、成長ステージによっても違うが、おおまかにいうなら1カ月に一度が目安
- **注意点**／ツメの根本側には血管と神経があり、それは透けてピンク色になっている。その部分を切らないように慎重に行う

毛並みのお手入れ

もともと「グルーミング」とは動物が体を清潔に保つために自分で行う毛づくろいのことですが、猫の世界では飼い主が行うものを含みます。また、「ブラッシング」はブラシを使うお手入れで、グルーミングの一つです。飼い主が行うブラッシングは毛球症（80ページ）の予防や飼育スペースに散らばる抜け毛を減らすことに役立ちます。長毛種はできれば毎日、短毛種は週に2～3回を目安に行うとよいでしょう。

猫のシャンプー

飼い主ができる毛並みのお手入れにはシャンプーもあります。

まず、猫のシャンプーにはいろいろな考え方があり、しなくてもよいという説もあります。ただ、汚れやにおいが気になるなら、したほうがよいでしょう。頻度については一般的には長毛種なら1カ月に一度、短毛種なら半年～1年に一度が目安とされています。

POINT
- 顔拭きなどの愛猫への日常のお手入れでは健康状態も確認する

MEMO
専用のアイテムで

ブラッシングに使用するブラシはいろいろなものが市販されています。パッケージなどで対象となる猫（被毛の長さ）や用途を確認したうえで購入しましょう。

猫のシャンプーも同様に人間用や犬用のものではなく、猫用あるいは犬猫兼用のものを使います。

ЧЧ▶健康はどうやって確認する?

猫は健康なフリをすることがあるので体重や尿の量など客観的に判断できるもので確認する

体重の確認

体重測定は重要

「猫は病院に行くことは苦手、健康なフリをすることは得意」という言葉があります。基本的に猫は体調を崩すと元気がなくなるのですが、それを表に出さないことも多くあります。

では、どうすればよいのかというと、その一つが体重の確認です。猫は被毛が生えていることもあり、体重のちょっとした増減を見た目で判断するのは難しいものですが、数字は嘘をつきません。体重計を使い、できれば週に1回、少なくても月に1回は体重測定を行いましょう。

🐾体重の測定方法

体重はできるだけ細かい単位（少なくても10g単位）で計測できるものを用いて、そこに愛猫に乗ってもらいます。ペット用のものが市販されていますが、細かい単位で測れるタイプなら、人間用のものでもよく、飼い主が愛猫を抱えて計測するとスムーズに測定することができます。その場合は愛猫を抱えた状態から飼い主の体重を引いて、猫の体重を算出します。

🐾要注意な増減

体重の増減で、とくに注意が必要なのは急激な体重の減少です。一般的には体重の5%以上の減少は要注意といわれていて、行動や様子に異変があるなら動物病院に連れていくことを考えます。10%以上の減少になると、何らかの病気が隠れている可能性があります。

食べる量と体重減少

猫は食べる量が変わらなくても体重が減少することがあります。その理由の一つは、食べる量は変わっていなくても、水を飲む量が減っているから。また、どこかで隠れて食べたものを吐いていることも考えられます。

尿の確認

もう一つ、飼い主が簡単に確認できるものに尿があります。尿も体重と同じぐらい重要な健康のバロメーターです。

尿の量の増加は元気で食欲があっても、腎臓病などの病気の初期症状であることが少なくありません。

猫砂の塊が大きくなった、ペットシーツが重くなったなどの変化を感じたら要注意です。

健康診断の受診

猫にとっても定期的な健康診断は健康維持に役立ちます。

猫の健康診断は最初は生後半年以降に受けるのが一般的です。それからは、成猫は年に1回、シニア猫や持病のある猫は半年に1回以上が推奨されています。その頻度は健康状態にもよるので、詳しくはかかりつけの動物病院に相談するとよいでしょう。

なお、健康診断を受ける時期については、基本的には季節を問いませんが、春は犬の予防接種のために病院が混みやすいので避けたほうがよいかもしれません。また移動のことを考えると、夏は暑く、冬は寒いので、猫の負担が少ない秋がベストといえます。

【猫の健康診断】

- **内容**／身体検査、血液検査、尿検査などを組み合わせて、総合的に健康状態を診断する。健康な状態での検査の数値は不調なときの診断の手がかりになるため、元気なときこそ受ける意味がある

- **費用**／健康診断を受ける施設や内容によって異なる。一般的には5,000円〜10,000円ぐらいである

- **注意点**／基本的には予約をしてから足を運んだほうがよい

POINT

- 体重と尿の量は普段からよく確認する
- 1年に1回を目安に愛猫には健康診断を受けさせたほうがよい

第4章 多頭飼育の健康管理【飼い主ができる健康管理】

45 どの子が下痢をしたか、わからない…

多頭飼育では体調不良の猫を特定するのが難しいこともある。不安があればすみやかに動物病院に

多頭飼育の難しさ

どの猫に問題があるのか
わからないことがある

99ページで紹介したように尿の量は愛猫の健康状態を示すバロメーターです。ただ、多頭飼育で苦労することの一つに、トイレを複数の猫が利用するので、尿の量を判断しにくいことがあります。この問題は下痢や血便、嘔吐など体の異常を示す他のシグナルにも共通していて、多頭飼育では、どの猫のものかわかりにくいものです。ずっとそばにいて観察することができればよいのですが、実際には難しいでしょう。まずは、このような問題があることを知ることが大事ですし、状況によっては、飼育しているすべての猫を動物病院に連れていったほうがよいこともあります。

ケガへの注意

多頭飼育は単頭飼育にくらべると他の猫の攻撃によるケガが多いのも特徴です。本気のケンカはもちろん、瞬発的に噛みつかれたり、引っかかれたりして、ケガをすることもあります。愛猫がケガをしていたら、すみやかに動物病院に連れていくのが基本です。

便と病気

猫の便と健康の関係については、まず血便はすみやかに病院に連れていくのが基本です。下痢は軽度のものは自然に回復することもありますが、「下痢が続く」「下痢だけではなく嘔吐もしている」「元気がない」などの症状が見られる場合は獣医師に診てもらったほうがよいでしょう。

食事の横取り

多頭飼育では食事の横取りも問題となりがちです。食事を常時置いておく「置きエサ」はもちろん、それぞれの猫に専用の食事入れを用意して決まった時間に食事を与えても欲張りな猫が他の猫の食事を食べてしまうことがあります。ですので、体調を崩すと食欲が減退することが多くありますが、多頭飼育では食べ残しの判断が難しくなることがあります。

➡食事の横取りの詳しい情報は84ページ

他の猫との隔離

猫の病気のなかには「猫汎白血球減少症」のように、ある猫から他の猫へとうつるものもあります。猫汎白血球減少症は嘔吐や下痢などの症状が続き、悪化すると死に至ることもあります。基本的にはワクチンで予防することができますが、未接種の猫は要注意で、状況によっては感染している猫と他の猫を隔離しなければいけないこともあります。

このような場合、獣医師と相談のうえ、方針を決めることになりますが、他の病気も含め、ときには猫同士が接することのないように管理する必要が生じるということも多頭飼育をする飼い主が知っておきたい情報の一つです。

嘔吐と病気

多頭飼育ではどの猫のものか判断が難しい嘔吐については、まず嘔吐物の内容を確認するのが基本です。よくあるのが毛玉を吐くことです。その場合は数カ月に一度ぐらいの頻度で、吐いたあとも元気なら問題になることは多くはありません。一方、吐しゃ物の色が明らかにおかしい場合や、異物が混じっている場合は危険なサインです。

また、吐しゃ物におかしな点が見られなくても、愛猫の様子がおかしい場合は、自己判断はしないで、やはり獣医師に相談したほうがよいでしょう。

POINT

●どの猫が下痢をしているかわからないなど、多頭飼育には健康の管理が難しい面がある。不安があれば、獣医師に診てもらう

46▶うちの子が太り気味で…

肥満は健康上のトラブルにつながることも。食事の管理と運動できる環境作りで愛猫の理想の体型を維持する

猫の肥満

横取りが肥満の原因になることも

飼育されている猫は野良猫よりも太りやすい傾向があります。そして、私たち人間が「肥満は健康によくない」とされているのと同様に、猫にとっても太りすぎは好ましい状態ではなく、関節炎や心臓をはじめとする内蔵の機能障害の原因になります。

多頭飼育では食事の管理が難しいこともあり、とくに愛猫の太りすぎに注意が必要です。

➡食事の横取りの詳しい情報は84ページ

❀肥満の判断

肥満に要注意といっても、猫によって大きさや体型が異なりますし、どれくらいから太りすぎに気をつければよいのか、判断に悩むこともあるでしょう。一つの指標として環境省が公開している「飼い主のためのペットフード・ガイドライン～犬・猫の健康を守るために～」にて「BCS」（ボディコンディションスコア）が掲載されています。猫のBCSは5段階でBCS5が肥満となります。

●猫のBCSの概要

BCS	肥満度	判断のポイント
BCS1	痩せ	・肋骨が外から容易に見える ・首が細く、上から見た場合に腰が細くくびれている。横から見た場合のお腹の吊り上がり（凹み）が顕著
BCS2	やや痩せ	・人が背骨と肋骨に簡単に触れる ・上から見た場合に腰のくびれが目立ち、横から見た場合のお腹の吊り上がりはわずかである
BCS3	理想体型	・人が肋骨に触れるが外から肋骨の形状はわからない ・上から見た場合に腰のくびれがわずかにわかり、横から見た場合のお腹の吊り上がりはわずかである
BCS4	やや肥満	・人が肋骨に触れる ・横から見た場合にお腹がやや丸い
BCS5	肥満	・厚い体脂肪のために人が簡単に肋骨に触ることはできない ・上から見た場合に腰のくびれはほとんどなく、横から見た場合にお腹が丸い

食事での対応

人間も同じですが、猫が太るのは摂取カロリーが消費カロリーより多いからです。動物は体を動かすのはもちろん、呼吸などの生命を維持する活動にもカロリーを消費します。それらの量よりも摂取カロリーのほうが多いと、結果として一般的には体脂肪が増えて体重が増えていきます。ですので、愛猫が太りすぎないようにケアするポイントの一つは摂取カロリーを少なくすることです。いちばんシンプルなのは食事の量を減らすことで、1週間で1～2%を目安に減量して、理想の体型に近づけていきます。

☀質をかえる

摂取カロリーについては量ではなくて、質を見直すという方法もあります。とくに最近は肥満対策に有効とされる、いろいろな種類のダイエット用のキャットフードが市販されています。愛猫の好みも考慮して選ぶとよいでしょう。

運動での対応

肥満対策のもう一つは、消費カロリーを摂取カロリーより多くすることです。こちらは日頃の運動量を増やすことになります。

飼い主ができることには、愛猫が自然に運動をすることになる、キャットタワーの設置などが挙げられます。また、一緒に遊ぶのも愛猫が運動することになります。

POINT

- とくに多頭飼育は愛猫の肥満に要注意
- 肥満対策は食事と運動の両方で考える

MEMO

食事と運動は両輪

室内飼育の猫は犬と違って、一緒に散歩をしないのが一般的です。それに体を動かすのは猫自身の意思で、運動嫌いの猫に無理に運動させるのは難しいものです。「肥満対策を運動だけで」というのは難しく、食事と運動を両輪として取り組むのがよいでしょう。

47 留守番中の様子が気になる…

留守番中の様子を確認するアイテムや尿の量をしっかりと把握できるアイテムが市販されている

ペットカメラ

ペットカメラが人気

愛猫の健康を維持するために、最新の技術を搭載したアイテムを活用するのも選択肢の一つです。

最近、とくに人気となっているのが「ペットカメラ」です。ペットカメラとはスマホやタブレットと連動することで、外出先でも自宅で留守番をしている愛猫の様子を見ることができるカメラのこと。リアルタイムで自宅の愛猫の安全を確認できます。

🐾 ペットカメラ選びのポイント

ひと口にペットカメラといっても、いろいろな商品が市販されています。価格を見ても、だいたい4,000円～40,000円と幅が広いものです。基本的には性能は価格に比例する傾向があり、高価なものほどプラスαのいろいろな機能が搭載されています。

ペットカメラは小鳥などの他の愛玩動物にも使用することができますが、猫のように部屋のなかを動きまわる動物は部屋全体が映るものか、首振りタイプがよいでしょう。

【ペットカメラのプラスαのいろいろな機能】
- **通話機能**／ペットカメラのスピーカーを通して、留守番をしている愛猫に声かけできる
- **給餌機能**／自動で給餌できる。本体は大きく、どちらかというと給餌機能付きペットカメラというよりはペットカメラ付き給餌器というイメージ
- **自動追跡機能**／愛猫の動きに合わせてカメラが動き、ずっと姿を確認できる
- **温度・湿度確認機能**／室内の温度と湿度を確認できる。スマホでエアコンを遠隔操作できればこまめに室内を快適な環境に調整できる

スマートトイレ

スマートトイレも愛猫家が知っておきたいアイテムです。こちらは「カメラ付きトイレ」とも呼ばれ、その名が示すようにカメラが搭載されているトイレです。

猫用のスマートトイレは愛猫のトイレでの様子を動画と静止画で記録するのはもちろん、毎日の体重と尿の量を計測することができるものもあります。

高機能のスマートトイレは猫の顔を認識することができ、1台のトイレで複数の猫の様子を確認できるので、多頭飼育にも向いています。

また、愛猫の体重の変化や日々の尿の量を知るためのアイテムとして、トイレの下に設置するだけのボード（板状のアイテム）も市販されています。

その他のアイテム

ペットカメラは愛猫の行動を見守るためのアイテムですが、同様に見守る機能があるものに「スマート首輪」があります。スマート首輪は一般的な首輪と同様に猫の首に装着するもので、首元の微細な振動がどの行動に当てはまるのかをAIで判定します。

つまり食事や水分補強、排泄などの日々の行動を確認できるということです。

最新技術を活用した猫用ハウス

最新技術を活用した猫用のハウス（ベッド）もあります。

こちらは底面のプレートを冷やしたり、温めたりすることで、猫に快適な温度のスペースを提供するアイテムです。アプリと連動してスマホから操作できるものも市販されています。

MEMO
猫の鈴の意味

猫に装着するものといえば「鈴」を思い浮かべる方は多いでしょう。「猫に鈴」は最新技術ではなく、古くから親しまれてきた組み合わせですが、この鈴には飼い主が愛猫の居場所を知ることができるというメリットがあります。ただ、鈴を嫌う猫もいるので、鈴の装着は愛猫の性格を考慮して決めましょう。

POINT
● ペットカメラやスマートトイレなど猫の健康管理に役立つ最新アイテムにはいろいろなタイプがある

48▶猫にはどんな病気がある？

猫の病気には感染症や内臓疾患、人間と同じようにがんもある。飼い主は病気の知識も身につけておく

とくに子猫で注意したい病気

病気も含めて猫をよく知ろう

猫は病気と無縁の動物ではなく、飼育する頭数が増えれば、そのぶん健康上のトラブルが生じる可能性が高くなります。そう考えると、とくに多頭飼育をする飼い主は病気のことを知っておいたほうがよいということになります。基本的に猫の病気は獣医師に診てもらことになりますが、飼い主はどのような病気があるかを知り、その予防策を講じることが大切です。

❀子猫は呼吸器に気をつける

ここでは猫の成長ステージ別に、よく見られる病気を紹介します。まず子猫については呼吸器感染症などに注意が必要です。

●子猫が注意したい主な病気

病名	概要	症状	予防策
呼吸器感染症 （猫ウイルス鼻気管炎・猫カリシウイルス感染症）	呼吸器にトラブルを生じるウイルス性の病気	涙目、多量の目やに、くしゃみ、鼻水など	ワクチンがある（混合ワクチンに含まれている）
猫汎白血球減少症	パルボウイルスによって生じる病気	発熱、嘔吐、下痢	ワクチンがある（混合ワクチンに含まれている）

MEMO

子猫は室内飼育を

ワクチンの効果がまだ確実には実証されていない「猫免疫不全ウイルス感染症」など、子猫が注意したいウイルス感染症はたくさんあります。それらのいちばんの予防策は愛猫を外に出さないことです。

成猫はとくに泌尿器系のトラブルが多い傾向があります。なお、ここでは猫の病気を成長ステージ別でわけて紹介していますが、成長ステージ別はあくまでも傾向で、どの病気もすべての年代で注意が必要です。

●成猫が注意したい主な病気

病名	概要	症状	予防策
下部泌尿器症候群（尿路結石症・膀胱炎・尿道閉塞）	尿路結石症は尿中に結石や結晶ができて、それが尿道などに障害を起こす。膀胱炎や尿道閉塞も泌尿器系のトラブルである	頻尿、血尿、尿がまったく出ないなど、症状は尿にあらわれる	早期発見が重要。日頃の愛猫が飲む水の量やトイレの回数、尿色や量などをきちんと確認する
慢性腎臓病	腎臓の機能が失われる病気。老廃物がうまく廃出できなくなり、やがては命にかかわる	多飲・多尿、痩せる、嘔吐、食欲不振など	予防は難しく、早期発見が重要。定期的に血液検査を含む健康診断を行いたい
糖尿病	本来は体に必要なはずの糖をうまく取り込めずに高血糖となり、過剰分が尿中に排出される病気。進行すると腎臓病などの合併症を引き起こす	多飲・多尿、初期は多食、進行すると食欲不振や体重減少など	多くの病気に共通するが、肥満を防ぎ、愛猫がストレスのない生活を送るように飼い主が環境を整えることが予防になる

下でまとめているもの以外にも慢性腎臓病や糖尿病はシニアになっても引き続いて注意したい病気です。また、関節炎や便秘にも注意が必要です。

●シニア猫が注意したい主な病気

病名	概要	症状	予防策
甲状腺機能亢進症	甲状腺ホルモンが過剰に分泌される病気。初期は活発になり食欲が増すが、心臓をはじめとするさまざまな臓器に負担をかけて、寿命を短くする	食欲が増し、活発になる。食欲は増すのに痩せてくるのが特徴	予防は難しく、やはり早期発見が重要。定期的に血液検査を含む健康診断を行いたい
心臓病	心臓に生じるトラブル。原因はいくつかあり、先天的な奇形や症状が10歳を過ぎてから出るケースもある。慢性腎臓病などの合併症として発症することもある	動くとすぐに疲れる、あまり動きたがらない、口を開けて呼吸するなど	予防は難しいが心臓超音波（エコー）検査での早期発見が可能
口腔内疾患	口腔内疾患とは口のなかの病気をまとめた呼び名。人間と同様に猫も歳を重ねると歯や歯ぐきが弱くなる	食事が食べにくそうだったり、口の周りをしきりに前肢で触るようなら口腔内疾患の可能性がある	予防はしにくい（飼い主による歯磨きが有効という説がある）
腫瘍性疾患	腫瘍性疾患は細胞が過剰に増殖する病気の総称。なかでもいわゆる「がん・肉腫」は、命にかかわる悪性腫瘍である	腫瘍の部位により、症状はさまざま。たとえば内臓系腫瘍は、初期のサインとして食欲があっても下痢が続くことがある	普段のブラッシングのときに愛猫の体を触って何か異常がないかを確認することが早期発見につながる

P O I N T

● 飼い主は猫の病気のことを知識として身につけておきたい

第4章　多頭飼育の健康管理【主な病気と対策】

49▶うちの子が薬を飲まなくて…

愛猫の薬や療法食は
獣医師に相談して、その指示に従う。
飼い主の工夫が必要なこともある

薬の与え方

薬を飲まなければ
飼い主が工夫を

　「薬を飲む必要があるのに、愛猫が薬を飲んでくれない」という問題に頭を悩ませる飼い主は少なくありません。これはある意味、当然の話です。薬は自然環境下には存在しないもので食べ物としては違和感があっても不思議ではありません。実際、私たち人間でも「薬を飲むのは苦手…」という人はいます。人間がそれでも飲むのは「これを飲まないと健康にかかわる」と考えるからです。猫にはその考えがないので、飼い主には愛猫が薬を飲むような工夫が求められることがあります。

❀獣医師と相談する

　ひと口に猫の薬といってもいろいろなタイプがあります。形状の面では錠剤、粉剤、液剤があり、使い方（服用方法）については、内服タイプのほかに目薬のようなものもあります。

　愛猫ができるだけストレスを感じずに薬を使う（飲ませる）には、いろいろな方法があります。たとえば目薬なら猫の背中側に回ってアゴを優しく持ち、そっと上を向かせてさすとよいとされています。ただ、これはあくまでも一例で、適切な方法はケースバイケースです。迷うことがあればかかりつけの獣医師に相談しましょう。

MEMO

薬の与え方の工夫

　猫の薬には食事に混ぜて与えるタイプもあります。多頭飼育の難しさの一つに、そのようなケースで薬が入った食事を他の猫が食べてしまうことが挙げられます。すると、食べられた猫は薬の効果を十分に得られなくなるだけでなく、薬が不要な猫にまで投与してしまうことになるので、飼い主はそのことがないように観察することが必要です。なお、愛猫が薬をスムーズに飲む方法として、嗜好性が高い、小分けスティックタイプのペースト状のおやつに混ぜてもよいことがあります。やはり、かかりつけの獣医師と相談して工夫しましょう。

猫の食事は市販のドライタイプのキャットフードの総合栄養食をベースにするのがよいとされています。総合栄養食は、その名前が示すように猫の健康に必要な栄養素がバランスよく含まれているので、特定の栄養素をより多く摂取する、あるいは特定の栄養を摂取しないのは難しいものです。そこで、特定の病気に対しては特別に調整された食事（これを療法食といいます）のほうがよいことがあります。

横取りに要注意

多頭飼育は療法食による治療が難しいとされています。

その理由の一つは、左ページの「薬の与え方の工夫」でも触れたように他の猫が横取りしてしまうことがあるからです。

コンプライアンスの遵守

「コンプライアンス」は最近、よく耳にする言葉ですが、人間を含めて医療の世界でコンプライアンスというと、一般的には「患者が処方された薬を指示通りに、確実に服用していること」をさします。

猫の多頭飼育の療法食では、とくに飼い主にコンプライアンスの遵守が求められます。「他の猫と違う食事はやっぱりかわいそうだから…」と自分の判断で勝手に中断したり、おやつを与えるのは愛猫の健康寿命を縮めることになります。

食事の切り替えのコツ

療法食を含めて、食事をそれまでのものから別のものへとスムーズに切り替えるための工夫には食事を温める「食事加温法」などがあります。

その方法で行ってもよいか、かかりつけの獣医師の了承を得たうえで実施しましょう。

【食事の切り替えの工夫】

- 食事加温法／電子レンジでほどよく温めると、風味がアップする食事もある
- ふた皿並行給餌法／新しいフードをいつもの皿に入れ、その横にこれまでのフードも出す。いつもの皿に新しいフードを入れると猫は警戒心を抱きにくい
- 新旧混合法／これまでのフードや好きなフードに少しずつ新しいフードを混ぜていく方法

POINT

- 猫が薬を嫌がるのは当然のことなので、飼い主の工夫が求められることが多い

50 ケガで出血していたらどうする?

ケガの出血はすぐに止まることが多い。どのようなトラブルに対しても慌てないで冷静に対応する

ケガの応急処置

多くの場合、ケガの出血はすぐに止まる

ケガなどの突然の健康上のトラブルについても、病気と同様に獣医師に診てもらうのが基本です。ただ、状況によっては安静にしていればよくなるケースもあり、また応急処置として飼い主ができることもあります。

多頭飼育でよく見られるのが猫同士でのケンカやじゃれあいによるケガです。出血していたら、清潔なタオルやガーゼを傷口にあてて止血します。多くの場合、出血はすぐに止まり、2〜3分、長くても15分ほどで止血できるでしょう。

骨折の固定はできる範囲で

ケガといえば骨折のことを思い浮かべる人も多いでしょう。まず、基本情報として、猫は着地が得意なので、高いところから落ちても骨折をすることはあまりありません。ただ、多頭飼育では他の同居猫の影響で興奮状態になることもあり、単頭飼育よりは、その心配が増します。猫が高いところから落ちたら、まず様子をよく観察して異変が見られないかを確認します。

骨折をしていると、いつもと違う歩き方になります。また、ひどいときには骨折した部分が変形することもあります。悪化を防ぐために、できれば添え木で患部を固定するのが理想ですが、猫の場合は難しいことが多いものです。いずれにせよ、できるだけ安静を保ち、動物病院に連れていきます。

MEMO かかりつけの病院

猫を飼育するうえで動物病院の存在は欠かせないものです。そして、できればかかりつけの病院をつくるのが理想です。

獣医師が、その猫の性格や健康状態を理解していると、いざというときの対応がスムーズになります。それに愛猫にしてみても、通い慣れた病院、顔馴染みの獣医師に診てもらうのは安心感があります。

誤食・誤飲などのケース別の応急処置

うっかり愛猫を扉に挟んでしまったり、誤って愛猫のどこかを踏んでしまうなどのアクシデントがあった場合は、まず、愛猫の様子をよく観察します。直後は何ともないように見えても、動きや食欲、排泄の様子などを数日間は観察しましょう。

その他によくあるのが誤食・誤飲です。誤食・誤飲では体に入れたものが猫に毒性のあるものかどうかによって緊急度が異なります。毒性があるものは緊急度が高く、命にかかわることがあります。また、毒性がなくても看過はできず、胃腸内で詰まると手術が必要になることもあります。「何をどのくらい食べて、食べてからどれくらい時間が経過した」をできるだけ確認したうえで、動物病院に電話をして指示を仰ぎます。

感電

感電も応急処置を知っておきたいトラブルです。猫は電化製品のコードをかじって感電することがあります。その場合は、まずは電源を切って全身の状態を確認します。次に呼吸の状態をチェックします。また、唇や舌をヤケドすることがあるので、その部位も注意が必要です。電化製品が関係する感電はちょっとビリっとする軽度のものから、命にかかわるような重度のものまでさまざまなケースがあります。とくに水回りには要注意です。

感電は時間がたってから何かの症状が表れることもあるので、元気そうでも受診しておくと安心です。

ヤケド

「飼い主がつまづいた拍子に熱湯をかけてしまった」などの原因で、猫がヤケドを負うケースもあります。猫は敏しょうな動物ということもあり、とくによく見られるのが足先などの部分的なものです。この場合は患部を冷やせば、とりあえずは大事にいたらないことが多いので、落ち着いて行動することが大切です。冷却剤や濡れタオルで患部を冷やし、その状態で動物病院に向かいます。

MEMO

けいれんはしばらく見守る

猫は突然、けいれんを起こすことがあり、それを見ると飼い主は驚いて焦るものです。この場合もやはり飼い主が落ち着くことが重要です。けいれんはケガと違って、内科の領域が原因になることが多く、肝臓病や腎臓病、脳神経疾患、低血糖などがけいれんを引き起こすものとして知られています。多くは数分で治まるので、けいれん中は、その様子をよく観察して、治まったら動物病院に電話して指示を仰ぎます。

POINT

● アクシデントがあったら、飼い主はまず落ち着くことが重要。よく状況を観察して獣医師に伝えるのが基本

第4章　多頭飼育の健康管理［飼い主ができる応急処置］

51 毛づやがよくなくなった…

猫は11歳ごろからシニア猫と呼ばれ、被毛がパサパサになる傾向がある。飼い主は猫の年齢に応じて環境を整える

🐾 シニア猫との暮らしの基本

年齢に応じて
飼育環境を整える

猫の平均寿命は以前よりも長くなり、現在は一般的には12〜18歳、もう少し幅を狭くすると15〜16歳ぐらいとされています。

本書では11歳以上を「シニア期（シニア猫）」としますが、11歳以上は高齢期、15歳以上は老年期と表現されることもあります。猫はシニア期になると寝ている時間が増えるなどの変化が見られます。

シニア猫が快適に暮らすには、あらためて飼育環境を見直す必要があります。多頭飼育では世代が違う猫も同居していることもあるでしょうから、状況を見て、バランスを考慮しながらシニア猫のケアをしましょう。

🐾 シニア猫の特徴

猫はシニア期になると、寝ている時間が増えるといった行動面以外に、被毛の艶がなくなるなどの見た目の変化もあります。なお、加齢による変化にも個体差があるので、やはり飼い主は個性に応じた飼育を心がけたいものです。

【代表的なシニア猫の特徴】
- **被毛**／艶がなくなり、パサパサとした印象の毛質に変化する
- **顔**／シニア猫は耳が聞こえにくくなり、目やにが増える傾向がある。また歯周病から歯が抜ける猫もいる
- **寝る時間**／猫はよく寝る動物だが、若いころよりもさらに寝ている時間が長くなる
- **活動量**／活動量が減り、あまり遊ばなくなる
- **運動能力**／高いところに上手に飛び乗れなくなるなど、運動能力が低下する

台を利用してもよく、とにかく愛猫がラクに食べられることが大事

シニア期になると体重が変化することもあります。増えることと減ることがあり、増えるのは運動量の低下、減るのは消化・吸収機能の低下などが原因として挙げられます。いずれにせよ、まず見直したいのが食事の内容です。各メーカーからシニア猫用の商品が発売されているので、愛猫に合ったものを選びましょう。

また、食事を入れる容器については、とくにシニア猫は体への負担が少ない高さがあるものがよいでしょう。

環境を整える

シニア猫の行動を観察して、不便そうにしていることがあれば、その対策を施します。たとえばトイレの入り口の段差がネックになり、トレイに入りにくそうにしていたら、入るところにスロープ（坂）を設置するとよいでしょう。また、キャットタワーも段ごとの間隔が狭いほうがシニア猫は利用しやすいものです。

若い猫の相手を引き受ける

猫はシニア期になると活動量が減りますし、他の猫からの干渉がストレスになるように変化することもあります。状況に応じて、若い猫の遊び相手は飼い主が引き受けましょう。

また、シニア猫は被毛がパサパサになるのは、自分で毛づくろいをしなくなることも理由の一つです。そのぶんは飼い主がグルーミングをし、その際に健康状態の確認もするとよいでしょう。

POINT
- 猫は11歳以上がシニア期（高齢期）とされる
- 飼い主はシニア期の猫が暮らしやすい環境を整える

MEMO 猫の認知症

長生きする猫が増えるにともない、猫の認知症が問題になることも増加しています。猫の認知症の症状には「トイレ以外の場所で排泄する」「昼夜を問わず鳴く」「目的もなく歩き回る」などが挙げられ、それが飼い主の大きな負担になることもあります。

人が猫の認知症と向き合うようになった歴史は浅く、これからの研究が必要な分野です。

このトラブルについて、飼い主はまず「猫にも認知症がある」という事実を知ることが第一歩です。そして、完璧は目指さずに、「できることをする」という発想で取り組むことも重要です。

第4章 多頭飼育の健康管理［シニア猫のケア］

52▶他の人はお別れはどうしている?

終末期の愛猫のケアと 供養の方法に絶対的な正解はない。 自分なりに悔いのない方法で向きあう

猫の最期

いつかは別れの
ときがきてしまう

　すべての動物には寿命があり、それは猫も例外ではありません。悲しいことにいつかは別れの日がきますし、辛いことに多頭飼育では別れの機会が多くなります。

　別れや終末期の対応については絶対的な正解はありません。猫の医学は進んでいて、状況によってはいわゆる「延命治療」も可能ですが、それをお願いするかどうかは飼い主次第です。最近は人生の終わりのための活動である「終活」という言葉をよく目にしますが、何事も準備をしておくのは悪いことではありません。混乱なく愛猫の旅立ちを迎えるために、そのときの前に終末期の治療や葬儀の方法を考えておくのも選択肢の一つです。

☘旅立ちのサイン

　猫は最期が近くなると「口呼吸になる」などの変化が見られます。息を引き取る直前は眠るようになくなることがあれば、苦しそうにすることもあります。最期の瞬間に鳴くことも多いようです。息を引き取ると、呼吸や心臓の動きが止まり、すべての部位がまったく動かなくなります。

【息を引き取る直前の動きの例】
- 呼吸／口を開いて呼吸するようになる
- 体温／体温が下がるので、体を触るといつもよりも少し冷たい感じがする
- けいれん／病気によっては息を引き取る直前にけいれんを起こすこともある

MEMO

死に際は見せない?

　「猫は死に際を見せない」とよくいいますが、飼育されている猫のなかには終末期になると飼い主から離れたがる猫もいます。また、反対に飼い主に近寄ってくることもあります。自分から離れた猫は少し距離をおいて見守るなど、愛猫に合わせるのも一つの方法です。

愛猫の供養

　猫は息を引き取ると、筋肉が緩んで排泄物などが漏れ出ることがあります。そのようなものが見られたら、まずはきれいにしましょう。その後、2〜3時間で死後硬直がはじまります。室内であればすぐに腐敗が進むことはありませんが、保冷剤などで冷やすとより腐敗が遅くなります。

　息を引き取るタイミングにも寄りますが、一晩は同じ屋根の下で一緒に過ごす飼い主が多いようです。

供養の方法

　猫の供養については、いくつか方法があります。最近、多いのがペット霊園にお願いする方法です。

【猫の供養の方法】

● ペット霊園／ペット用の霊園で、火葬や埋葬の方法はいろいろなタイプがある。たとえば火葬はペット用の訪問火葬車などもあり、埋葬は「他の人のペットと合同でペットを埋葬する霊園」「個別で埋葬を行える霊園」「飼い主とペットで同じお墓に入れる霊園」がある。費用は施設によって異なり、遺骨を受け取らない合同火葬でだいたい10,000円〜である

● 自宅の庭に埋葬／火葬はしないで、自宅の庭に埋葬する方法もある。深さは深いほどよく、少なくても60cmは掘ったほうがよいとされている。地中の遺体は微生物の働きなどにより、やがて骨だけとなる

● 地方自治体／地方自治体に遺体を引き取ってもらうという方法もある。引き取ったあとの対応や費用は地方自治体によって異なるが、基本的に遺骨の返却はなく、費用は3,000円ぐらいである

NG 公有地に埋葬すると不法投棄になる

　国内で猫が家族のような存在として認められるようになってからは日が浅いこともあり、地方自治体の猫の遺体に対する対応はさまざまです。法律上は以前は猫の遺体は「廃棄物」とみなされていましたが、最近はその解釈が変わりつつあり、小鳥や小型の爬虫類などの小動物とはわけて考えている地方自治体もあります。いずれにせよ、「人気（ひとけ）が少ないから」「見晴らしがよいから」などと第三者の土地や公有地に埋葬するのは不法投棄となり、法律によって罰せられることがあります。

ＰＯＩＮＴ

● 猫の終末期と最期への向きあい方は飼い主次第である
● いざというときのために埋葬の方法などをあらかじめ考えておくのもよい

53▶あの子のことを忘れられない…

かわいい愛猫との別れは
いつか必ず訪れる。
誰にとってもツラい体験となる

喪失感に関する体験談

居場所がかわった
だけかもしれない

愛猫は大切な家族の一員ですが、社会的に見るとペットというくくりになります。そして、「ペットロス症候群」という言葉があり、それはペットを失うことのダメージによる精神的・身体的不調を指します。愛猫との別れはとても辛いものですが、それで体や心の調子を崩すのは好ましいことではありません。多頭飼育ではそれが他の同居猫に悪い影響を与えてしまう可能性もあります。ここでは愛猫との別れを経験した飼い主がどのように喪失感と向き合ったのか、その体験談を紹介します。

【愛猫との別れの経験者の体験談】

■しばらくは何もする気が起きませんでしたが、あるとき、その子の気配を感じた気がしたのです。それで、その子は世界からいなくなったのではなく、居場所が変わったのだと思うようになりました。その子のことを折に触れて思い出すようにしています。
（M.Y.さん）

■以前、他の方から「後悔のないように」とアドバイスをいただいたことがあるので、最期まで全力でできることをしました。「悔いはない」というと語弊があるかもしれませんが、それで気持ちが救われている部分はあります。
（キンちゃん）

■もう会えないと思うと本当にツラかったけれど、私が天国にいったら会えるし、もしかしたら来世でも一緒になるかもしれません。一時的な別居だと思っています。
（イッシーさん）

■正直なところ、気持ちの部分では見送った側の子（猫）に助けられた部分があります。旅立った子のぶんも、この子のことを大切にしようと思っています。
（ニャンコさん）

POINT

● 旅立った猫は居場所がかわっただけ
かもしれない

第5章
知っておきたい
トラブル対策

複数の猫たちと暮らすということは
近隣への配慮や災害時の対策など
気を配りたい要素が増えるということでもあります。
いざというときに困らないために
普段から意識することも大切です。

54 どのようなことが近所迷惑になる?

猫が関係する近隣とのトラブルには悪臭や抜け毛の問題などがある。できるだけ清潔な飼育を心がける

近隣とのトラブルの予防

放し飼いがトラブルの原因になることもある

愛玩動物に対する近隣からの苦情について、環境省が公表しているデータ(『動物愛護管理をめぐる主な課題』2018年)を見ると、猫で多いのが「猫がやってきて糞尿をしていく」です。多頭飼育では数が増えるぶん、管理が難しくなります。近隣への配慮という意味でもやはり室内飼育を原則として考えましょう。

また、その他の問題には悪臭も挙げられます。トイレの掃除をこまめに行うなど、しっかりと管理していれば猫はにおいが問題になることは少ない動物です。とはいえ、ちょっとしたことでも近隣とのトラブルに発展する可能性があるので飼育環境はできるだけ清潔に保つように意識しましょう。

集合住宅は抜け毛に要注意

においの他に気をつけたいのが愛猫の抜け毛です。とくに集合住宅では布団やクッションは毛を取り除いてから干すようにしましょう。

【集合住宅のトラブル予防】
- 抜け毛の処理／布団やクッションをベランダで干す場合は掃除機や粘着テープで抜け毛を取り除いてから干す。また、飼い主の洋服についた抜け毛も自宅の室内で取り除く
- 防音／防音加工がされていないフローリングはカーペットやマットを敷くと防音に役立つ

MEMO

近隣への挨拶

近隣とのトラブルの多くは、じつはコミュニケーション不足が原因です。法律で決まっているわけではありませんし、状況にもよりますが、基本的には猫を飼いはじめたとき、新しい猫を迎え入れたとき、猫とともに引っ越したときは近隣に「このたび猫を飼うことになりました。気をつけますが、ご迷惑をおかけすることがあるかもしれません。どうぞよろしくお願いします」などと挨拶しましょう。

☀よその猫の侵入への対策

　猫が猫を呼ぶことがあるのでしょうか。猫を飼育していると、よその猫が自宅の敷地内に侵入してくることがあります。その猫の糞尿などが気になる場合は、市販の忌避剤を使うとよいでしょう。また、地方自治体によっては猫が嫌がって侵入を防ぐ、超音波発生器を貸し出していることもあります。

　なお、自分が飼育している愛猫に対する近隣の対応や、飼い主がはっきりしているよその猫について思うことがある場合、直接、対象となる人物に伝えるのではなく、まずは地方自治体や地域の動物愛護センターに相談したほうがよいケースもあります。当事者同士では感情的になり、スムーズに解決できないことが少なくありません。

ゲストを招く際の注意点

　自宅にゲストがきたときのトラブルとしてあるのが、ゲストが猫を無理に抱き上げようとして、瞬発的に猫がゲストを攻撃してしまうことです。

　猫にはいろいろなタイプがいて、人間に対して誰にでもフレンドリーに接する猫がいれば、人見知りをする猫もいます。とくに愛猫が後者の性格の場合はゲストに対しての注意が必要です。

☀ゲストへのお願い

　自宅に友人などのゲストを招く場合に愛猫とゲストのトラブルを予防するには、まずゲストに自宅に猫がいることを事前に伝えます。そして、ゲストには愛猫に構わずに知らんぷりをしてもらうようにお願いし、愛猫にはいつも通りにすごさせます。そして、もし愛猫が自分からゲストに近寄っていったら、ゲストに愛猫の鼻に指先を差し出してもらい、愛猫ににおいを嗅がせます。それで、愛猫が怖がらなければ、ゲストにアゴの下などを優しく撫でてもらいましょう。

　なお、このような出会いを繰り返すと、猫が人見知りしなくなることもあります。

NG→無理やりはダメ

　ゲストに愛猫を紹介しようと「隠れているところを無理やり引きずり出す」「逃げるのを追いかけて捕まえる」「強引におもちゃで遊んでもらおうとする」などの行為はNGです。愛猫が強いストレスを感じてしまうことになります。

POINT
- 飼育環境を清潔に保つことは近隣とのトラブル予防のためにも重要
- ゲストがきたとき、ゲストに愛猫を無理に紹介しない

長い間、一緒に暮らしていても猫はふとした拍子に脱走することがある。柵などを利用して脱走を防ぐことが重要

脱走の予防

柵などで脱走予防を

　猫は好奇心が強い動物です。そのためか、長い間、一緒に暮らしている猫でも、ふとした折に外へと飛び出し、飼い主がすぐに名前を呼んでもスムーズには戻ってこないことがあります。いわゆる脱走で、とくに多頭飼育では同居猫との相性がよくない猫は脱走したがることがあるようです。

　このトラブルについては、まず脱走をしないように予防することが重要です。

　もっともポピュラーなのが猫の脱走防止用の柵を利用する方法です。いろいろなタイプが市販されているので、飼育環境に合ったものを選びましょう。

◉注意が必要な場所

　猫は玄関から逃げ出すとは限りません。たとえば2階のベランダからでも手すりをスルリと抜けたあとにきれいな着地を決めて、そのままどこかへと行ってしまうことがあります。

【猫が逃げ出す可能性があるところ】
- 玄関／飼い主の外出・帰宅の際や宅配便の荷物を受け取るときなど、玄関を開けた瞬間に外に飛び出す
- 窓／とくに網戸は注意が必要。破ることがあり、軽いので猫が開けることもある
- ベランダ／洗濯物を干したり、取りこんでいるときに逃げ出すこともある

NG ガチガチにはしない

　猫の脱走予防のために柵を設置する際には緊急時に飼い主や愛猫がスムーズに外に出られることを意識する必要があります。避難経路は普段から確認しておくことが大切ですし、避難経路上の柵を必要以上にガチガチに固定するのはNGです。

❀飼い主の行動の工夫

　愛猫が脱走するのを防ぐために飼い主ができる行動もあります。その一つは、二重扉を意識して移動することで、たとえば玄関から外出するときは、一つ前のリビングの扉を閉めてから、次に玄関を開けるといった具合です。また、猫は飼い主の足元からスルリと抜け出すことが多いので、出入り口に旅行用のキャリーバッグを置いておき、飼い主が出入りする際にはそれで足元をガードするという方法もあります。

脱走してしまったら

　愛猫が脱走してしまったら、まずは自分の気持ちを落ち着かせることが大切です。あわてて道路に飛び出したりすると、自分が交通事故に遭ってしまうかもしれません。

　気持ちを落ち着かせたら、まずは見つけたときの運搬用のキャリーバッグと気を引くためのおやつを持って自宅の周辺を探します。室内飼育の猫は遠くへいかず、近くの物陰に隠れていることがほとんどです。また、脱走した猫は夜に行動することがあるので、昼だけではなく夜も探すとよいでしょう。

❀すぐに見つからなかったら

　脱走した愛猫がすぐに見つからなかったら住んでいる地域の保健所や動物愛護センターに連絡します。見つけた人が保護した場合は、まずそちらに連絡することが多いので、それで見つかることも少なくありません。

　また、動物病院やスーパーマーケットの掲示板などにチラシを貼るのも有効です。

　もう一つ、最近はSNSで「迷い猫を探しています」という主旨の投稿をし、それで見つかることも増えています。

【チラシや掲示板に記す情報】

- **タイトル**／まず目的を示すために迷い猫を探している旨を大きな文字で記す
- **写真**／どのような猫かを知らせるために写真はできるだけ掲載したほうがよい
- **愛猫の特徴**／名前、年齢、性別、外見的な特徴、性格などを記す
- **連絡先**／見つけてくれた人が自分に連絡をつけられる電話番号などを記す
- ※注意点／必ずその施設の責任者の許可を得たうえで掲示する

POINT

- 猫の脱走はまず柵を利用するなどして予防することが大切
- 脱走してしまったら、落ち着いてまず自宅の近くを探す

56▶大きな地震が起きたらどうする?

大きな災害が起きたら
基本的には愛猫と一緒に避難する。
普段から災害対策の準備をしておく

災害時の基本

避難は一緒に

大きな地震や台風などの災害で避難が必要なときには愛猫も同行するのが基本です。もしかしたら「避難先で迷惑がかかるかもしれない…」と思う飼い主もいるかもしれませんが、現代では猫や犬などの愛玩動物は家族の一員であることが広く認められています。環境省も災害時に一緒に避難する際の手引きとなる『いつもいっしょにいたいから』という小冊子を公式サイトで公開しています。

災害を他人事と考えない

ひと口に災害といってもいろいろな種類があります。いずれも注意が必要ですが、なかでも日本列島に住む身として意識したいのは地震です。日本列島では定期的に大きな地震が発生するのは歴史的に見ても、地学的に見ても明らかな事実です。近い未来では、とても大きな規模の地震である「南海トラフ地震」が2030年代に発生する可能性が高いと予想されていて、内閣府などを中心に国として防災対策を講じています。それに昨今は気候の変動などにより、台風や大雨で洪水の被害に遭うことも増えています。

まずは災害は決して他人事ではないということを、しっかりと意識しましょう。

MEMO　家族との連携

災害への対策は自分一人だけではなく、周囲と協力することが大切です。とくに多頭飼育をしているということは、より多くの猫たちのことをケアしなくてはいけないということなので、家族や周囲の人たちの手が必要になります。

普段から緊急時の家族間の連絡方法や愛猫を運び出す人などの役割分担を決めておくと安心です。

また、住んでいる地域の防災計画や動物病院の対応を確認しておくことも災害対策の一つです。

災害への備え

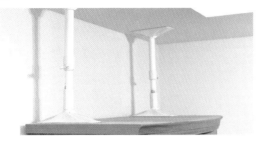

なにごとも「備えあれば憂いなし」です。地震などの災害についても、いざというときのためにしっかりと準備をしておきましょう。

防災対策の基本の一つである家具の固定は愛猫のためにも役立ちます。

【主な災害対策】

● **家具などの固定**／地震では倒れた家具や落下物によってケガをすることがある。家具が大きくぐらつかないように「つっぱり棒」などを利用して固定するとよい。また、100円均一ショップなどでは猫のベッドやツメとき、毛布などを対象とする「滑り止めシート」が売られているので、必要に応じてそちらも利用したい

● **キャリーケースの活用**／愛猫がなにかあったときに逃げ込むためのものとして、普段からキャリーケースを飼育スペースに設置しておくのも選択肢の一つ。災害時にはそのまま連れ出すことができるというメリットもある

● **柔軟性をもった飼育**／避難所での共同生活はいろいろな人と寝食をともにし、猫への食事の支給がある場合はどのような内容のものかわからない。普段から愛猫が「人見知りをしない」「食べ物の好き嫌いをしない」ということ意識して管理するのは災害対策の一つになる

➡猫が人見知りしなくなる可能性がある工夫は119ページ

❀準備しておきたいもの

災害時に避難する際のために、準備しておきたいものには食事や水などがあります。

【避難時のための準備】

● **必要なもの**／
☐食事（キャットフード）　☐水（愛猫用の飲用水）
☐食事や水を入れる容器
　（できれば食事用と水用の二つ）
☐キャリーケース
☐薬（持病のためのものがある場合）

● **あるとよいもの**／
☐ケージ　☐タオルや毛布　☐トイレと猫砂
☐ペットシーツ　☐ゴミ袋

MEMO
避難所での生活

状況によりますが、一般的に猫の避難生活はキャリーケース内やケージ内などの囲われた空間での生活になります。また、リードやハーネスなどでつないで外に出すのは、逃走のリスクが高いので控えたほうがいいとされています。

POINT
● 災害は他人事ではない。日頃から災害対策の準備をしておく

第5章　知っておきたいトラブル対策【災害時の対応】

猫の運搬

57▶うちの子はキャリーケースが苦手で…

動物病院に連れていくときなど キャリーケースを利用することは多い。 普段から慣れさせておくとよい

🐾 キャリーケースの利用

キャリーケースに
慣れてもらう

病院へ連れていくとき、災害時に一緒に避難するときなど、愛猫の運搬にはキャリーケースを利用するのが一般的です。愛猫がキャリーケースに慣れていなくて、スムーズに入らないと飼い主はとても困ります。

そのようなことがないように愛猫にはキャリーケースに慣れてもらいましょう。そのための方法には普段からキャリーケースを飼育スペースに設置するなどの方法があります。

【キャリーケースに慣れもらう2ステップ】
●ステップ①普段から設置する／
　愛猫が普段、生活しているスペースにキャリーケースを設置するとスムーズに慣れることが多い。普段の寝床にすることもある。場所は部屋の隅や日当たりのいい窓辺などの愛猫が落ち着けるところがよく、キャリーケースの扉が取りはずし可能なら、扉ははずしておく。また、なかに、その猫のにおいがついたタオルなどを入れておくと安心してくつろぎやすくなる
●ステップ②5分ほど散歩する／
　愛猫がキャリーケースに入って移動することに慣れるには、飼い主が愛猫が入っているキャリーケースを持って自宅の周りを5分ほど散歩するという方法がある

MEMO
キャリーケースの数

　災害時には飼い主と愛猫は一緒に避難するのが基本で、多頭飼育では飼育している頭数のぶんだけキャリーケースを用意します。愛猫に慣れてもらうという意味では、共有するのではなく、「ムギにはこのキャリーケース」というようにそれぞれの猫用に用意するのがよいでしょう。

愛猫の移動の際に電車やバスなどの公共交通機関を利用する場合は、事前に公式サイトなどで利用条件と料金を確認し、それに従います。移動中は周りの迷惑にならないように気をつけて、愛猫が入っているキャリーケースを足元に置くのが基本です。

また、タクシーについては、多くの場合は猫との乗車はOKですが、予約時や乗車前に「キャリーケースに入れた愛猫と一緒に乗車してもよいか」を確認するとよいでしょう。

MEMO

飛行機で移動

航空会社にもよりますが、一般的に飛行機では猫の機内持ち込みは禁止されていて、手荷物として預けることになります。飼い主とは離れることになるので、事前に動物病院で健康チェックをしてもらうなど、不安要素はできるだけ取り除いておきましょう。

自家用車での移動

自家用車での移動については、とくに移動時間が長くなる場合に注意が必要です。まずは移動時間ができるだけ短くなるように事前にルートを確認しておくことが大切ですし、長くなるようであれば途中で休憩をするスポットも見つけておきます。また、キャリーケースが壊れた場合に備えて、ハーネスとリードを装着しておくと安心です。

【長時間の車移動で用意したいもの】

●必要なもの／
- □ ハーネスとリード
- □ 水と水を与えるスポイト
- □ ペットシーツ　　□ 布やタオル　　□ ゴミ袋
- □ 季節に応じて携帯用カイロや保冷剤

●あるとよいもの／
- □ ペット用のポータブルトイレ
- □ 抜け毛を取り除く用の粘着式ローラー
- □ 動物病院で処方してもらった酔い止め薬

MEMO

猫の留守番

なんらかのアクシデントにより、飼い主が自宅を留守にしなくてはいけないこともあるでしょう。猫の留守番については、一般的には1～2日は人がいなくても大丈夫とされています。愛猫たちだけでの留守番となる場合は、エアコンなどで昼夜を問わず飼育スペースを快適な温度に保ち、愛猫たちがいつでも飲食をできるように十分な食事と水をセットしてから自宅を出るのが基本です。

POINT

●猫の運搬はキャリーケースを利用するので、キャリーケースに慣れさせておく

協力者のコメント

撮影協力・制作協力／
石川 砂美子
（NPO法人ねこひげハウス代表）

ねこひげハウスは埼玉県八潮市にある猫の保護を目的としたNPO法人。2016年に多頭飼育崩壊寸前の家と猫たちを引き受けるかたちで設立された。

ねこひげハウスの
公式サイト

2～3匹ならそこまで神経質になる必要はない

いろいろな考え方がありますが、私は基本的には多頭飼育は猫にとっても素敵なことだと考えています。その理由はお互いに体を舐めてグルーミングしあったり、追いかけっこをして遊んだりと人間には叶えてあげられない猫同士でしかできないコミュニケーションがあるからです。

それに単頭飼育だと必要以上に飼い主に依存しすぎてしまうことがあります。すると飼い主の生活のリズムがかわったとき、たとえば在宅勤務から定期的に通勤しなくてはいけなくなったときに猫が順応できずに、大きなストレスを抱えてしまうことがあります。もちろん飼育環境や経済状況にもよりますが、2～3匹、多い場合では4匹ぐらいまでは、猫の相性などをそれほど心配しなくても、みんな幸せに暮らせることが多いというのが私の印象です。

保護猫を迎え入れることの検討を

そして、保護猫団体の代表という私の立場でお伝えしたいのは、新たな家族として猫を迎え入れるなら、ぜひ保護猫を検討していただきたいということです。国内では野良猫の数が多くなりすぎていて、行政はその対策としてTNR（Trap・Neuter・Return／トラップ・ニューター・リターン）という活動を進めています。それはわかりやすくいうと野良猫の避妊・去勢手術です。条件を満たしていれば、そのための助成金も出ます。ただ、まだその活動は始まったばかりということもあり、たくさんの救わなければならない命があるのが実情です。それに、保護猫は雑種が多く、雑種は純血種よりも病気に強い傾向があります。何より、どの猫も実際にあってみると個性があってかわいいものです。

いずれにせよ、適切な猫たちとの暮らしは楽しいものです。皆様の愛猫たちとの幸せな生活が続くことを心より願っています。

写真提供(カバー写真を含む)・制作協力／
猫ッチョファミリー

　YouTubeで大人気の猫たちと暮らす仲よしファミリー。「古民家をリノベしてかわいい保護猫5匹(ラッキー、ペグ、テト、ティピー、ランプ)と田舎暮らししています」

猫ッチョファミリー
のYouTube
チャンネル

愛情を与え続けることがみんなの幸せにつながる

　我が家では毎日、新入りの子猫たちによるハイテンションの大運動会が開催されています。なので、自宅の障子や壁紙はもちろんボロボロです(笑)。友達や母が遊びにくると「これはなおすのが大変だね」といわれます。実際、なおすのは手間がかかります。ただ、苦労といえばそれぐらいで、日々、猫たちと楽しく暮らしています。私が思うには、猫たちとの暮らしは1人ひとりにちゃんと寄り添うことが大切です。そして毎日、愛情を与え続けることがみんなの幸せに繋がるんじゃないかな…。

　猫はただの動物ではなく、やっぱり家族です。

写真提供・制作協力／
こけ助パパ

　YouTubeチャンネル「kokesukepapa」が大人気。灰色のオスのロシアンブルー「すずまろ」、茶色のメスのソマリ「お花」、白黒もふもふのオスのスコティッシュ「もちとら」と暮らしている。

kokesukepapa
のYouTube
チャンネル

適切な飼育は自分で見つけるもの

　現在、うちは猫3匹、子ども3人なので遊び相手にちょうどいいバランスです。3匹目はちょうど長男が産まれたころにやってきました。多頭飼育は大変というよりも猫たちには助けてもらっているくらいで、バタバタしていたときに猫たちが子どもの遊び相手になってくれて助かった記憶があります。私の考えでは「三つ子の魂百まで」ではないけれど、もともと動物を愛せる人間ならわからないことがあったら自分から学んでいくし、自分を犠牲にしてでも猫を守るのではないかと。家庭によって事情は違いますし、多頭飼育に正解はなくて、適切な飼育は自分で見つけるものだと思います。

【監修者】長谷川 諒

京都府出身の獣医師。2017年に北里大学獣医学部獣医学科を卒業。保護施設専門往診病院「レイクタウンねこ診療所」院長。首都圏を中心に動物病院での診察も行い、ペット関連事業コンサルティングの「Ani-vet」の代表も務める。

■**制作プロデュース**：有限会社イー・プランニング
■**編集・制作**：小林 英史（編集工房水夢）
■**撮影**：増田 勝正
■**イラスト**：山本 雄太、KAI、iu、TEM、なな、ゆん、毎日にーと
■**DTP/本文デザイン**：松原 卓（ドットテトラ）

知っておきたい　ネコの多頭飼いのすべて
獣医師が教える　幸せに暮らすためのポイント

2023年3月5日　第1版・第1刷発行

監　　　修	長谷川 諒（はせがわ りょう）
発 行 者	株式会社メイツユニバーサルコンテンツ
	代表者 大羽 孝志
	〒102-0093東京都千代田区平河町一丁目1-8
印　　　刷	株式会社厚徳社

ご意見・ご感想はホームページから承っております。
ウェブサイト　https://www.mates-publishing.co.jp/

編集長：堀明 研斗　企画担当：野見山 愛里沙